FORSCHUNGSBERICHTE DES LANDES NORDRHEIN-WESTFALEN

Nr. 1703

Herausgegeben
Im Auftrage des Ministerpräsidenten Dr. Franz Meyers
vom Landesamt für Forschung, Düsseldorf

DK 621.791.793

Prof. Dr.-Ing. Alfred H. Henning †
Prof. Dr.-Ing. habil. Karl Krekeler †
Dipl.-Ing. Rochus Gronwald

Institut für Schweißtechnische Fertigungsverfahren
der Rhein.-Westf. Techn. Hochschule Aachen

Untersuchungen zum Elektro-Schlacke-Schweißen
von Blechen geringer Wanddicke

Springer Fachmedien Wiesbaden GmbH

Verlags-Nr. 011703

ISBN 978-3-663-06574-6   ISBN 978-3-663-07487-8 (eBook)
DOI 10.1007/978-3-663-07487-8

© 1966 by Springer Fachmedien Wiesbaden

Ursprünglich erschienen bei Westdeutscher Verlag, Köln und Opladen 1966.

Inhalt

1. Einleitung 7
   - 1.1. Arbeitsweise des Elektro-Schlacke-Schweißverfahrens 7
   - 1.2. Thermische und metallurgische Vorgänge 9
   - 1.2.1. Primärkristallisation 9
   - 1.2.2. Sekundärkristallisation 12
   - 1.3. Einbrand 13
   - 1.4. Stromquellen 14

2. Versuchseinrichtung 15

3. Versuchsmaterial 18

4. Versuchsdurchführung 19

5. Versuchsauswertung 24
   - 5.1. Temperaturmessung 24
   - 5.1.1. Auswertung des ZTU-Diagrammes 27
   - 5.2. Festigkeitsuntersuchungen 30
   - 5.2.1. Kerbschlagbiegeproben 30
   - 5.2.2. Zugfestigkeit 32
   - 5.2.3. Faltversuch 34
   - 5.3. Die Makrostruktur einer Elektro-Schlacke-Schweißnaht 35
   - 5.4. Die Mikrostruktur einer Elektro-Schlacke-Schweißnaht 38
   - 5.5. Härtemessung des Schweißgutes 41

6. Zusammenfassung 45

7. Literaturverzeichnis 51

1. Einleitung

Im Institut für Lichtbogenschweißung E. O. PATON der Akademie der Wissenschaften in Kiew, UdSSR, wurde bei Versuchen mit dem automatischen Lichtbogen-Vertikal-Schweißen die Beobachtung gemacht, daß der zugeführte Schweißdraht zeitweise ohne Lichtbogen abschmolz. Die Untersuchung dieses Vorganges führte zur Entwicklung eines neuen Schweißverfahrens, des sogenannten Elektro-Schlacke-Schweißens. Gleichzeitig mit dem Schweißverfahren entwickelte das Institut die entsprechenden Schweißgeräte und führte das Verfahren in der Praxis ein. Seit 1951 wird das ESS-Verfahren in der UdSSR, vor allem im Schwermaschinen- und Kesselbau, wirtschaftlich eingesetzt.
Durch einen Aufsatz von G. Z. WOLOSCHKIEWITSCH wurde 1954 das neue Verfahren in Deutschland bekannt. Die erste Anwendung des ESS-Verfahrens erfolgte jedoch erst 1957 durch F. ERDMANN-JESNITZER und G. KÄMMLER.

1.1. Arbeitsweise des Elektro-Schlacke-Schweißverfahrens

Die grundsätzliche Arbeitsweise des ESS-Verfahrens kann aus Abb. 1 abgelesen werden.
Abb. 1 zeigt die vorbereitete Schweißstelle. Die Kupferbacken dienen zur Führung des entstehenden Schmelzbades (Schlacke- und Metallbad) und zur Kühlung der Schweißstelle. Der Schweißdraht, der gleichzeitig stromzuführende Elektrode ist, wird durch das Schlackepulver geleitet, bis er auf den Steg des aus Grundwerkstoff gefertigten Anlaufstückes aufstößt. Beim Auftupfen der Elektrode auf den Grundwerkstoff wird im Kurzschluß ein Lichtbogen gezündet. Es kann jedoch vorkommen, daß die Elektrode auf ein Pulverkorn aufstößt. Das Pulverkorn hat im festen Zustand eine isolierende Wirkung und erschwert das Zünden des Lichtbogens. Eine dünne Lage Stahlwolle unter dem Pulver hat sich als Zündhilfe bewährt.
Durch die hohe Temperatur des Lichtbogens wird das Pulver geschmolzen und bildet das Schlackebad. Das Schlackebad löscht den Lichtbogen und übernimmt nun seinerseits den Stromtransport zwischen Elektrode und Grundwerkstoff. Die flüssige Schlacke ist zwar elektrisch leitend, stellt aber doch einen beachtlichen Widerstand dar, den der elektrische Strom überwinden muß. Beim Stromdurchgang durch diesen Widerstand ergibt sich die Wärmeleistung nach dem Jouleschen Gesetz aus $U \cdot I$ bzw. $R \cdot I^2$. Bei dem jetzt beginnenden Schweißprozeß entsteht die Wärmeleistung
$$Q = 0{,}24 \cdot U \cdot I.$$
Q = Wärmeleistung in kcal, U = Spannung in Volt, I = Strom in Ampere

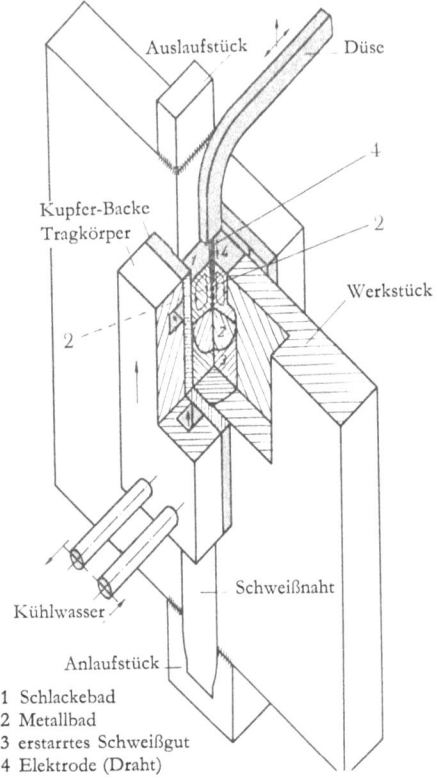

Abb. 1 Arbeitsablauf beim Elektro-Schlacke-Schweißen (ESS)

Infolge von Verlusten kann jedoch nur ein Teil dieses maximalen Leistungswertes genutzt werden.

Die Wärmeleistung hält das Schlackebad auf einer mittleren Temperatur von über 1600°C. Der das Schlackebad umgebende Grundwerkstoff wird dadurch aufgeschmolzen, es entsteht der sogenannte Einbrand. Die Kupferbacken werden, da sie wassergekühlt sind, dabei nicht angegriffen. Gleichzeitig beginnt auch der jetzt kontinuierlich zugeführte Schweißdraht im Schlackebad tropfenförmig abzuschmelzen.

Der geschmolzene Grund- und Zusatzwerkstoff sammelt sich durch sein höheres spezifisches Gewicht am Boden des Schlackebades und bildet dort das Metallbad. Das Metallbad nimmt durch den ständig abschmelzenden Grund- und Zusatzwerkstoff an Volumen zu und beginnt das Schlackebad, d. h. in diesem Fall die Wärmequelle, nach obenhin abzudrängen. Dadurch erhält der am weitesten von der Wärmequelle entfernte, also hier der untere Teil des Metallbades, die Möglichkeit, zu erstarren. Auf diese Weise wächst die Schweißnaht von unten nach oben.

Die Geschwindigkeit, mit der die Schweißnaht wächst, hängt vom Drahtvorschub ab. Wird der Drahtvorschub größer, taucht der Schweißdraht tiefer in das

Schlackebad ein. Der Weg des elektrischen Stromes durch das Schlackebad wird also verkürzt, der zu überwindende Widerstand wird geringer. Da die Spannung in etwa konstant ist, nimmt die Stromstärke zu, und der Draht schmilzt schneller ab. Es tritt eine Erhöhung der Schweißgeschwindigkeit ein. Wird der Drahtvorschub verringert, stellt sich analog zu obiger Ausführung eine niedrigere Schweißgeschwindigkeit ein.

Das Verfahren zeichnet sich also durch eine gewisse Selbstregelung aus. Wird jedoch der Drahtvorschub extrem geändert, treten folgende Störungen auf, die den Schweißprozeß behindern:

> Ist der Vorschub zu groß, taucht der Draht in das Metallbad ein und es entsteht ein Kurzschluß.
>
> Ist der Vorschub zu klein, schmilzt der Draht ab, bevor er in das Schlackebad eintaucht. Es bildet sich ein Lichtbogen zwischen Drahtende und Schlackenbad.

Wie die Beschreibung der Arbeitsweise zeigt, handelt es sich beim ESS um eine Einlagenschweißung mit zwangsweiser Nahtbegrenzung, die jedoch nur bei nahezu senkrechter Anordnung der zu verbindenden Werkstücke durchgeführt werden kann. Besondere Vorteile sind:

1. Möglichkeit der Verschweißung großer sowie unterschiedlicher Blechdicken in einer Lage.
2. Einfache Nahtvorbereitung mit parallelem Spalt.
3. Sehr geringe Quer- und Winkelschrumpfung.
4. Hohe Schweißgeschwindigkeit bei gleichbleibend guter Qualität der Naht.
5. Relativ niedriger Verbrauch an elektrischer Energie und an Schweißpulver.
6. Hohe Abschmelzleistung je Elektrode.
7. Die Möglichkeit, Stähle mit höherem Kohlenstoffgehalt sowie legierte Stähle ohne Vorbehandlung zu verschweißen.

Als Nachteile wären zu erwähnen, daß das Verfahren nur bei annähernd vertikalen Schweißverbindungen anzuwenden ist, und daß ein einmal begonnener Schweißvorgang nicht unterbrochen werden kann.

1.2. Thermische und metallurgische Vorgänge

Wird die chemische Zusammensetzung der Schweiße als konstant vorausgesetzt, so bestimmen die Kristallisationsbedingungen das Gefüge und damit auch die Eigenschaften der Schweißnaht.

1.2.1. Primärkristallisation

Im Gegensatz zum Lichtbogen (4000°C) braucht das Schlackebad (1600°C) eine lange Zeit, um im Grundwerkstoff einen genügenden Einbrand zu erzielen. Die

Abkühlung der einzelnen Werkstoffteilchen erfolgt ebenfalls langsam. Ursache dafür ist das große Volumen und damit der große Wärmeinhalt des Schmelzbades bei verhältnismäßig geringer Wärmeabfuhr. Die Schweißstelle wird also lange Zeit auf hoher Temperatur gehalten.

Auf diese Weise entsteht eine breite Übergangszone. Mit der Übergangszone werden auch deren einzelne Gefügeschichten breiter. Unerwünscht ist dieser Umstand an der Grenze zwischen Grundwerkstoff und Schweiße, wo sich infolge von Überhitzung eine grobkristalline Schicht bildet, die zudem noch zur Aufhärtung neigt.

Die Makrostruktur der Schweißnaht bildet sich bei der Erstarrung des Metallbades (Primärkristallisation). Das Gefüge der Schweiße ist grobkörnig, lediglich an der durch die Kupferbacken unterkühlten Oberfläche der Schweißnaht hat sich eine dünne Schicht kleiner Kristalle ausbilden können. In Abb. 2a ist zu erkennen, daß die groben Kristalle konzentrisch um die Mitte der Schweißnaht, wo sich die Elektrode und somit das Wärmezentrum befindet, angeordnet sind. Wie später dargelegt wird, sind es die Achsen von Dendriten (Stengelkristallen), die diese kreisförmige Orientierung der Kristalle deutlich machen. In Abb. 2b sind im Gegensatz zu Abb. 2a die Dendriten im Gefüge der Schweißnaht klar zu sehen.

Die Entstehung des dendritischen Gefüges wird durch die bereits erwähnte langsame Erstarrung der Schweiße und das große Volumen des Schmelzbades begünstigt.

Von der Erstarrungsfront, zwischen fester und flüssiger Phase der Schweiße, wachsen von Kristallisationskeimen ausgehend, Kristalle in die Schmelze hinein. Diejenigen Kristalle, bei denen die Richtung größter Kristallisationsgeschwindigkeit zufällig mit der Richtung des Wärmegefälles übereinstimmt, können sich schnell und ungehindert ausdehnen und zu Dendriten anwachsen. Das Wachstum anderer Kristalle wird unterdrückt.

Die Richtung des Wärmegefälles bestimmt also die Orientierung der Dendriten, welche stets zum Wärmezentrum (Elektrodenspitze) hinwachsen.

Ist das Schweißbad im Verhältnis zu seiner Breite sehr tief, überwiegt die Wärmeabfuhr nach den Seiten. Somit wachsen die Dendriten von den Wänden ausgehend in der Mitte stumpf zusammen. Mit zunehmender Breite des Schweißbades verlagert sich die Wärmeabfuhr von den Seiten zum Boden hin. Es entsteht eine konkave Erstarrungsfront (siehe Abb. 2b), von welcher jetzt die Dendriten senkrecht in die Schmelze wachsen. Die Dendriten stoßen dadurch unter einem stumpfen Winkel in der Nahtachse zusammen und verzahnen sich ineinander. Die Stoßstellen bilden die Mittelrippe, in der sich alle niedrig schmelzenden Elemente sammeln und erstarren. Über die Ausbildung der Mittelrippe gibt der Formfaktor f Aufschluß. Er ist definiert:

$$\text{Formfaktor } f = \frac{\text{max. Badbreite } b}{\text{max. Badtiefe } h}$$

Aus den vorausgegangenen Ausführungen ist zu erkennen, daß er im wesentlichen von den Einflußgrößen: Spannung, Strom und Drahtvorschubgeschwindigkeit

2a Querschliff
Die groben Kristalle sind konzentrisch zur Nahtmitte, wo sich die Elektrode und somit das Wärmezentrum befindet, angeordnet

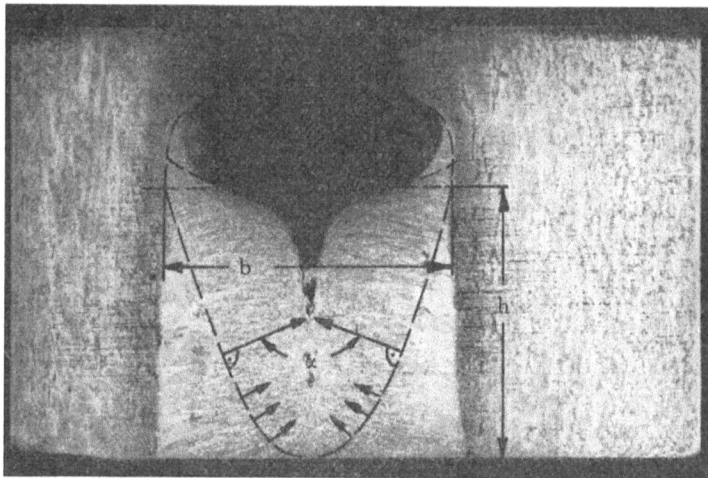

2b Längsschliff
Die Dendriten stoßen in der Nahtmitte unter einem stumpfen Winkel zusammen; die dadurch mögliche Verzahnung der groben Kristalle verhindert die Entstehung einer schwachen Zone; die gestrichelte Linie deutet die Erstarrungsfront des Metallbades an

Abb. 2a und b Typische beim ESS-Verfahren auftretende Makrostruktur der Schweißnaht

abhängig ist. Ist der Formfaktor bedeutend kleiner als 1, d. h. $\alpha \leq 180°$ (vgl. Abb. 2b), bilden die Stoßstellen der Kristalle eine schwache Mittelrippe. Sie hat verhältnismäßig schlechte Gütewerte und setzt die Qualität der Schweißnaht herab. Mit einem Formfaktor $f > 1$ erreicht man eine günstige Kristallisationsrichtung. Eine gute Verzahnung der Kristalle und damit gute technologische Eigenschaften werden bei einem Winkel von $\alpha < 127°$ erzielt.

Führt das langsame Abkühlen der Schmelze auf der einen Seite zu Grobkornbildung mit all ihren Nachteilen und ist deshalb ungünstig, so haben andererseits Verunreinigungen genügend Zeit sich aus der Schmelze auszuscheiden.

Dieser Vorgang wird durch die vertikale Lage des Schmelzbades – Gasblasen können ungehindert entweichen – und durch die wirbelförmige Bewegung des Schlackebades – Verunreinigungen werden ständig von der Oberfläche des Metallbades fortgespült – unterstützt (siehe Abb. 3). Weiterhin schützt das

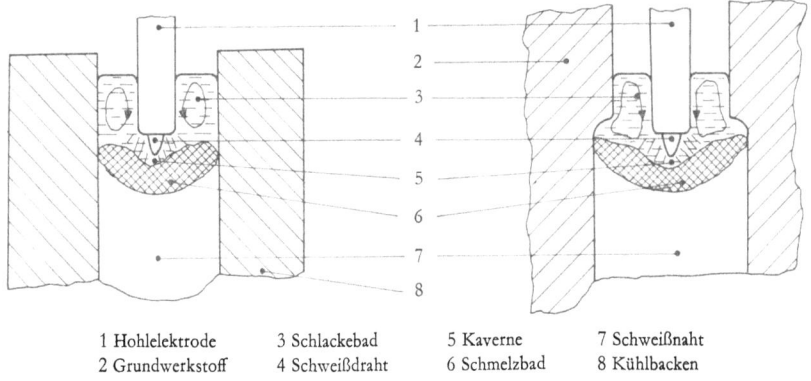

1 Hohlelektrode 3 Schlackebad 5 Kaverne 7 Schweißnaht
2 Grundwerkstoff 4 Schweißdraht 6 Schmelzbad 8 Kühlbacken

Abb. 3

Schlackebad die Schweiße vor schädlichen Einwirkungen der Atmosphäre. Auf Verunreinigungen zurückzuführende Fehler in der Schweißnaht sind deshalb höchst selten.

1.2.2. Sekundärkristallisation

Die Mikrostruktur bildet sich erst nach den Phasenumwandlungen der schon erstarrten Schweiße voll aus (Sekundärkristallisation).

Die langsame Abkühlung der Schweißnaht – bedingt durch dieselben Ursachen, die ein langsames Erstarren der Schweiße bewirken – ermöglicht die Entstehung von Perlit. Weiterhin wird das Anwachsen von Ferriteinfassungen an den Korngrenzen begünstigt.

Schweißnaht und Übergangszone haben bei unlegierten Stählen vielfach Widmannstättengefüge. Dieses grobnadelige, spröde und deshalb unbeliebte Gefüge tritt an Stellen mit etwas schnellerer Abkühlung aus dem γ-Gebiet auf, da in diesem Fall der eutektoide Zerfall der γ-Mischkristalle unterdrückt wird.

Es ist klar, daß sich am Anfang der Schweißnaht das typische ESS-Gefüge noch nicht einstellt. Durch das anfangs noch kleine Schmelzbadvolumen (geringer Wärmeinhalt) und die andererseits große Wärmeabfuhr an die noch kalten Werkstücke, tritt bei Schweißbeginn eine schnelle Abkühlung der Schweißstelle ein. Das Gefüge ist dementsprechend feinkörnig.

Eine Gefügeverbesserung kann in den meisten Fällen durch eine thermische Nachbehandlung – Normalisieren oder Vergüten – erreicht werden. Man erhält hierdurch ein feinkörniges Gefüge in der Schweiß- und Übergangszone. Eine weitere Möglichkeit der Gefügeverbesserung besteht darin, daß dem Schmelzbad Zusätze beigegeben werden. Diese Zusätze, meist Titan, Vanadium oder Aluminium, wirken als Keimbildner. Es entstehen viele Kristalle, die sich gegenseitig im Wachstum hindern. Auf diese Weise wird die Bildung von großen Dendriten unterbunden.

1.3. Einbrand

Der Einbrand ist ein wesentliches Merkmal bei Schweißverbindungen. Bei der Elektro-Schlacke-Schweißung hängt er von mehreren Faktoren ab. B. E. PATON hat die Einbrandtiefe als Funktion von bestimmten Einflußgrößen graphisch dargestellt (siehe Abb. 4). Danach nimmt der Einbrand bei sonst konstanten Bedingungen mit Erhöhung der Schweißspannung U und der Spaltbreite S zu.

Bei Erhöhung der Schlackebadtiefe T_b, der freien Elektrodenlänge L_e (Abstand zwischen Düse und der Oberfläche des Schlackebades), der Pendelgeschwindig-

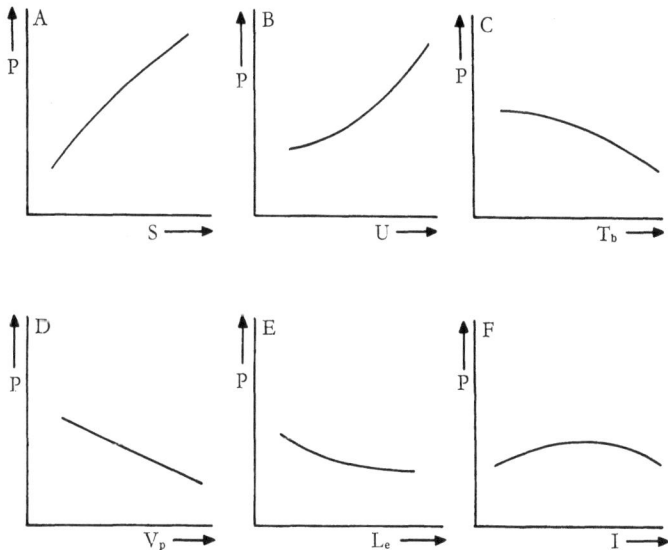

Abb. 4 Einfluß der Schweißfaktoren auf den Einbrand beim Elektro-Schlacke-Schweißen

keit V_p (nur bei dickeren Blechen) und der Stromstärke I nimmt dagegen der Einbrand ab.

Mit zunehmender Schweißstromstärke wird auf Grund der größeren Wärmeentwicklung der Einbrand vorerst größer.

Eine weitere Erhöhung führt jedoch dazu, daß die Elektrode sehr schnell abschmilzt, sich eine große Schweißgeschwindigkeit einstellt und dadurch dem Schlackebad zu wenig Zeit bleibt, die Kanten über ein bestimmtes Maß hinaus aufzuschmelzen. Der Einbrand strebt also einem Maximalwert zu und nimmt bei weiterer Erhöhung der Stromstärke wieder ab.

Bei dickeren Blechen läßt man, um quer zur Naht einen gleichmäßigen Einbrand zu erzielen, die Elektrode pendeln oder benutzt mehrere nebeneinander angeordnete Elektroden gleichzeitig. Besonders dicke Bleche werden mit mehreren pendelnden Elektroden oder mit Plattenelektroden verschweißt.

1.4. Stromquellen

Als Stromart ist Gleich-, Wechsel- und Drehstrom möglich. In der UdSSR wird jedoch hauptsächlich mit Wechselstrom geschweißt. Hierfür werden vor allem harte Transformatoren mit besonders flacher äußerer Kennlinie benutzt. Das Schweißen mit Gleichstrom hat den Vorteil eines kürzeren Anlaufstückes, da sich der Vorgang schneller stabilisieren kann.

2. Versuchseinrichtung

Die im Rahmen dieser Arbeit notwendigen Schweißversuche wurden mit einem Vertikal-Schweißautomaten Typ Arcos Vertomatic G durchgeführt.

Die zu verschweißenden Teile werden an zwei senkrechten Führungsschienen aufgespannt und mit Hilfe von zwei Exzentern entsprechend der Schweißrichtung ausgerichtet. Abb. 5b zeigt eine aufgespannte Schweißprobe, bei der die vordere Kupferbacke für die Nahtformung und Kühlung noch nicht montiert ist.

Abb. 5a Der verwendete Schweißautomat

Abb. 5b   Die aufgespannte Schweißprobe

Der in Abb. 5a gezeigte Schweißautomat besteht im wesentlichen aus:

1. dem Laufwerk für die vertikale Bewegung des Schweißautomaten;
2. der Vorschubeinrichtung für den Schweißdraht;
3. dem Pendelmotor zur Pendelung des Schweißdrahtes;
4. der nahtformenden Einrichtung, den wassergekühlten Kupferbacken.

Als Stromart wird bei den nachfolgenden Versuchen Gleichstrom verwendet, da in Vorversuchen festgestellt werden konnte, daß dabei das Anlaufstück der Schweißnaht mit den bekannten Fehlern kürzer ist, als es bei der Verwendung von Wechselstrom der Fall ist.

Als Stromquellen bei der Versuchsdurchführung dienten zwei Gleichrichter der Fa. Linde-Miller, Typ RHLA 444, die bei den größeren Blechdicken parallel geschaltet werden konnten.

Leerlaufspannung:	79 V
Regelbereich stufenlos:	100 A/22 V bis 525 A/40 V
Leistung bei 100% ED:	310 A/32 V
70% ED:	370 A/34 V
55% ED:	440 A/36 V
35% ED:	525 A/40 V

Die Schweißgleichrichter hatten die in Abb. 7 gezeigte fallende Charakteristik.

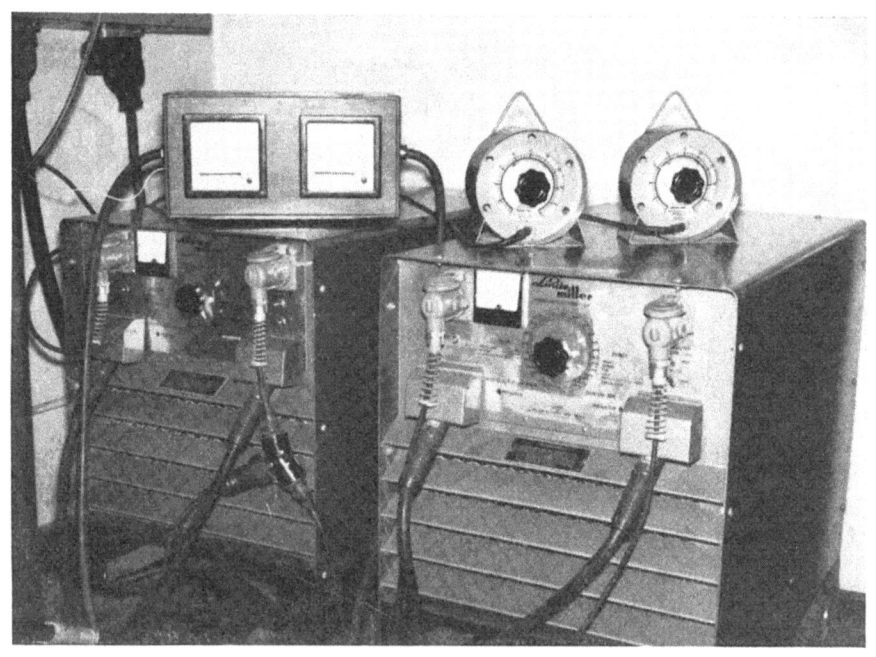

Abb. 6   Die verwendeten Schweißgleichrichter

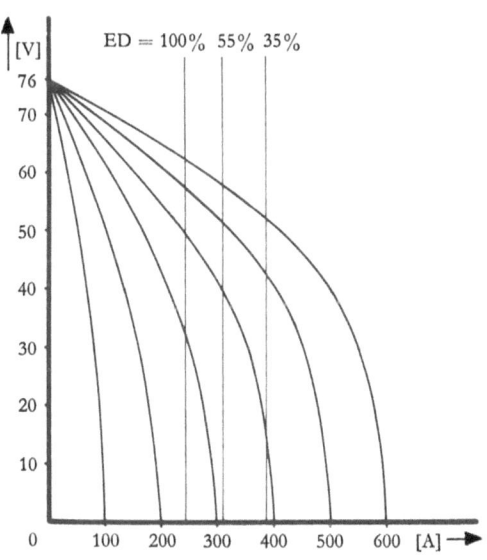

Abb. 7   Kennlinienfeld der verwendeten Schweißgleichrichter

3. Versuchsmaterial

Als Versuchswerkstoff kamen folgende Bleche zur Verwendung:

Der Baustahl St 37 in einer Dicke von 10 mm, 20 mm und 25 mm
nach DIN 17100,
das legierte Kesselblech 19 Mn 5 nach DIN 17155 mit einer Dicke von
25 mm.

Als Zusatzwerkstoff wurde der Schweißzusatzdraht für das Unterpulver-Schweißen S 1 nach DIN 8557 mit einem Durchmesser von 1,6 mm und 2,4 mm verwendet.

Als Schweißpulver dienten das handelsübliche saure Schweißpulver Arcos-Flux-V und das durch die Literatur bekannte russische Schweißpulver AN-22.

4. Versuchsdurchführung

Als wirtschaftliche Grenze für den Einsatz des Elektro-Schlacke-Schweißens gilt eine untere Blechdicke von 40 mm. Normalerweise wird der Schweißdraht von oben durch eine gebogene kupferne Schweißdüse zugeführt, in der er gleichzeitig gerichtet werden soll. Um die Elektrodenführung vor zu starker Wärmeeinwirkung durch das Schlackebad zu schützen, muß ein bestimmter Abstand zwischen Schlackenbadoberfläche und Düsenrand eingehalten werden. Außerdem taucht der Draht je nach Schlackenbadhöhe noch bis zu 40 mm in das Bad ein, so daß eine beträchtliche freie Elektrodenlänge entsteht, und der Draht an seinem Ende unbeabsichtigte Pendelungen ausführt. Bei Blechdicken oberhalb 40 mm sind diese Pendelbewegungen von geringerer Bedeutung, jedoch besteht bei dem Schweißen dünnerer Bleche mit kleinerem Luftspalt die Gefahr, daß der Schweißdraht die Kupferbacken berührt, und diese durch den Kurzschluß und dem damit verbundenen Lichtbogen beschädigt werden. Durch eine ungenaue Führung des Drahtes wird ein ungleichmäßiger Einbrand erzeugt.

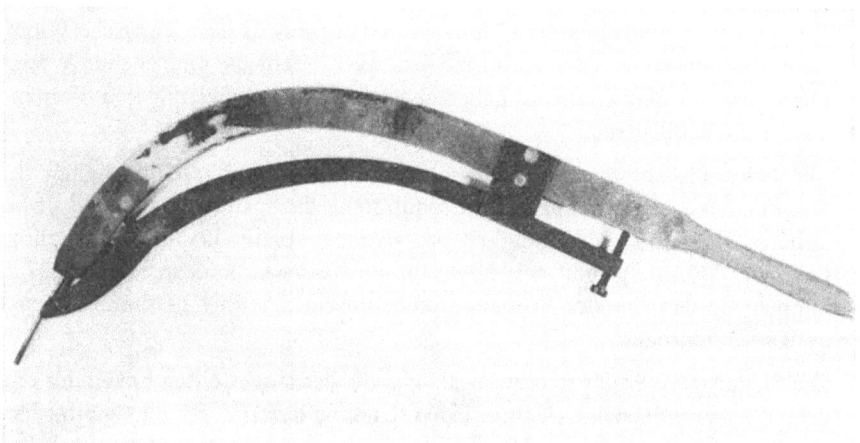

Abb. 8   Gebogene Schweißdüse mit einer Gabel zum Richten des Drahtes

Zur Erleichterung der genaueren Drahtführung wurde die gebogene Elektrodenführung mit einer Gabel zum Richten des auslaufenden Drahtes versehen.
Der Drall des aufgespulten Drahtes konnte auch durch eine Richtgabel nicht völlig ausgeglichen werden. Um das Pendeln des Schweißdrahtendes zu vermeiden, muß die freie Elektrodenlänge weiter verringert werden, und der Draht möglichst weit in das Schlackenbad hineingeführt werden. Das ist nur möglich,

wenn die Drahtzuführung selbst mit abschmilzt. Die Möglichkeiten, Bedingungen und Besonderheiten dieses Verfahrens mit abschmelzender Drahtzuführung bei unterschiedlichen Blechdicken zu untersuchen, ist die Aufgabe dieser Arbeit.

Als abschmelzende Drahtzuführung wird ein unlegiertes Stahlrohr, das je nach verwendetem Schweißdrahtdurchmesser einen entsprechenden Innendurchmesser besitzt, verwendet. Ein aufgedrehtes Gewinde an einem Ende ermöglicht ein schnelles Befestigen an der gebogenen Kupferdüse.

Die Haupteinflußgrößen für das Gelingen der Elektro-Schlacke-Schweißung sind bei gleichbleibender Blechdicke, Spaltbreite und Schweißdrahtdurchmesser:

1. der Drahtvorschub,
2. die Spannung,
3. die Stromstärke,
4. die Ausbildung der Kühlbacken und die Kühlwassermenge,
5. die Tiefe und das Volumen des Schlackebades.

Im einzelnen ist zu diesen Einflußgrößen folgendes zu sagen:

1. Der Drahtvorschub läßt sich in gewissen Grenzen verändern, ohne daß die Stabilität des Vorganges verlorengeht. Bei zu langsamer Drahtgeschwindigkeit kann ein Lichtbogen zwischen Drahtende und Schlackenbadoberfläche auftreten. Ist der Drahtvorschub zu hoch, kann der Draht zu tief in das Schmelzbad eintauchen, und es kommt zu einem Kurzschluß. Zwar steigt die Stromstärke mit wachsender Drahtgeschwindigkeit, da der elektrische Widerstand des Schlackenbades geringer wird, doch reicht die entstehende Wärme nicht aus, um den Draht schneller abzuschmelzen und damit den Vorgang wieder zu stabilisieren.

2. Die Schweißspannung ist abhängig von der Vorschubgeschwindigkeit des Drahtes. Bei langsamerem Drahtvorschub steigt die Spannung, während sie bei höherer Vorschubgeschwindigkeit proportional abfällt. Dadurch ist es möglich, die Spannung mit der Drehzahl des Vorschubmotors elektrisch zu koppeln, so daß sich der Vorgang immer auf einen vorher bestimmten Spannungswert einregelt.

3. Die Stromstärke ergibt sich zwangsläufig aus der eingestellten Spannung und dem Gesamtwiderstand. Unter dem Gesamtwiderstand ist die Summe der hintereinandergeschalteten Einzelwiderstände zu verstehen. Dazu gehören außer den konstant bleibenden Klemmen- und Leitungswiderständen der Widerstand des Schweißdrahtes selbst und als weitaus größter der des Schlackenbades. Dieser Widerstand bestimmt also überwiegend die Stromstärke und damit die im Schlackenbad pro Zeiteinheit entstehende Wärme.

4. Den Kupfergleitbacken kommt während des Schweißvorganges die Aufgabe zu, das flüssige Metallbad zu halten und durch möglichst große Wärmeabfuhr – wenigstens an den Randzonen – möglichst schnell eine Erstarrung des Bades zu erreichen. Auf die Ausbildung dieser Kühlbacken besonders der dem Werk-

stoff zugewandten Seite ist zu achten, da diese Seite die Naht formt (siehe Abb. 9).

Da während des Schweißprozesses die Naht sich mit einer mindestens 0,8 mm dicken Schlackeschicht überzieht, entstehen bei geradflächigen Kupferbacken sogenannte Einbrandkerben.

Um sie zu verhindern und eine für die Festigkeit günstige Nahtüberhöhung zu erzielen, muß die Fuge in den Kupferbacken 1–4 mm breiter als der Luftspalt und mindestens 1 mm tief sein (siehe Abb. 10).

Die Kühlwassermenge hat auf die dem Schweißprozeß entzogene Verlustwärme nur sehr geringen Einfluß. Die untere Grenze der notwendigen Durchflußmenge ergibt sich aus dem Siedepunkt des Wassers. Durch eine zweck-

Abb. 9 links: Verlauf der Kühlkanäle in der Kupfergleitbacke
rechts: Nahtformende Fuge der Kupferbacke

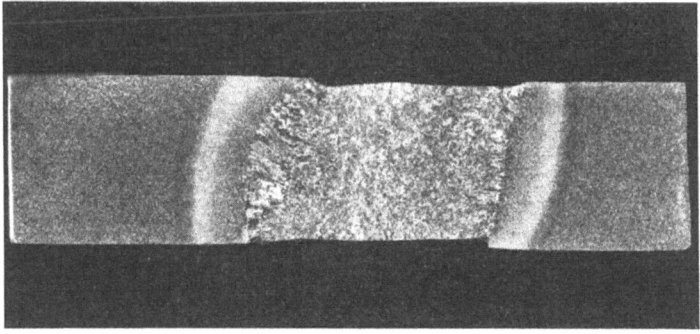

Abb. 10 Einbrandkerben durch Kühlbacken mit ungenügender Fugentiefe und Breite

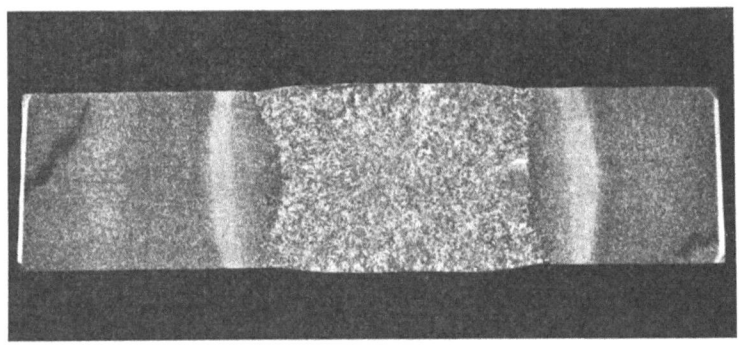

Abb. 11 Guter Nahtübergang durch günstige Fugentiefe

mäßige Anordnung der Durchflußkanäle in den Kupferbacken können Wirbel und Stellen geringerer Durchflußgeschwindigkeit, an denen das Wasser zuerst zu sieden beginnt, vermieden werden. Die Wassertemperatur am Austritt aus den Kupferbacken läßt sich durch Verändern der Durchflußmenge bestenfalls zwischen 20 und 100°C variieren. Bei einer Schlackenbadtemperatur von 1600°C beträgt also die maximale Verringerung des Wärmegefälles 80:1600, das sind 5%. Die durch die Verringerung der durchfließenden Wassermenge erzielbare Wärmeabfuhr ist also äußerst gering.

5. Das Schlackenbad hat neben seiner Schutzfunktion gegen äußere Einflüsse die Wirkung eines Transformators. Es überträgt die hohe Wärmekonzentration am Elektrodenende auf die verhältnismäßig große Kontaktfläche des Grundwerkstoffes. Das Volumen des Schlackenbades hat also einen großen Einfluß auf den Einbrand und damit auf das Schweißergebnis. Es ist verständlich, daß bei niedriger Leistung der Wärmequelle auch das Schlackenbad entsprechend klein zu halten ist. In Vorversuchen an 20-mm-Blech mit 1,6 mm dickem Draht war eine Verringerung der Schlackenbadhöhe auf 10–15 mm notwendig, um einen Einbrand zu erzielen. Die Stabilität des Vorganges nimmt aber bei sehr flachem Schlackenbad erheblich ab. Die Gefahr eines Kurzschlusses durch Eintauchen des Drahtes in das Schmelzbad vergrößert sich, oder der Draht schmilzt schon oberhalb des Schlackenbades ab, wobei ein ebenfalls nicht erwünschter Lichtbogen entsteht. Versuche, die wirksame Leistung der Wärmequelle durch wärmeisolierende Werkstoffe an Stelle der Kühlbacken zu erhöhen, führten im Zusammenhang mit größerer Schlackenbadtiefe zu genügenden Einbrandverhältnissen. Durch den geringeren Wärmeentzug verringert sich jedoch die mögliche Schweißgeschwindigkeit. Außerdem bildet sich ein Wärmestau am Ende der Naht, der sich durch einen verbreiterten Einbrand bemerkbar macht.

Bei der Verwendung von 2,4 mm Schweißdraht steigt die Leistung der Wärmequelle mit der Stromstärke erheblich. Die Schlackenbadhöhe beträgt bei gleichbleibender Spaltbreite bis zu 45 mm.

Der Schweißspalt soll nach PATON bei Blechdicken unterhalb von 40 mm mindestens 25–28 mm betragen. Da jedoch auf Grund der abschmelzenden Drahtzuführung eine genaue Führung der Elektrode gewährleistet ist, werden die Proben mit dem kleinsten noch möglichen Schweißspaltquerschnitt verschweißt.

Die bei der Elektro-Schlacke-Schweißung erzielten Festigkeitseigenschaften der Schweißnaht entsprechen in etwa denen des verwendeten Grundwerkstoffes. Die Gründe für diese vorteilhaften Ergebnisse sind das Fehlen von Schlackeneinschlüssen und anderer Verunreinigungen, ferner die geringe metallurgische Wechselwirkung zwischen Schlacke und Schmelze, die eine recht genaue rechnerische Vorherbestimmung der Nahtzusammensetzung aus den Komponenten des Zusatz- und Grundwerkstoffes erlaubt und schließlich die niedrigen Erwärmungs- und Abkühlungsgeschwindigkeiten, wodurch die Gefahr der Warmrißbildung in der Übergangszone stark gemindert wird.

Für die Festigkeit nachteilig ist unter Umständen das sehr grobe Makrogefüge der Schweiße, das besonders die Zähigkeit und die Widerstandsfähigkeit gegen Wechselbeanspruchung herabsetzen kann. Dieses grobe Gefüge läßt sich aber durch nachträgliche Wärmebehandlung oder durch Zusatz geringer Mengen Aluminium als Kristallisationskeime in der Schmelze z. T. verhindern. In den meisten Fällen ist eine solche Wärmebehandlung jedoch überflüssig, da bei Konstruktionsteilen, für die das Elektro-Schlacke-Schweißverfahren häufig angewendet wird, die Festigkeit des Teils von untergeordneter Bedeutung gegenüber seiner Starrheit ist.

Zur Untersuchung der Festigkeitseigenschaften wurden Kerbschlag-, Zug- und Biegeproben hergestellt. Außerdem werden Härtemessungen vorgenommen, um die Änderung der Härte über den Nahtquerschnitt und den Einfluß des Gefüges festzustellen. Um den Einfluß der Abkühlungsgeschwindigkeit der Schweißnaht auf die Ausbildung des Gefüges zu untersuchen, werden bei dem legierten Stahl 19 Mn 5 Temperaturmessungen vorgenommen. In bestimmten Abständen von der Schweißnaht werden Thermoelemente befestigt, um die maximal erreichte Temperatur sowie die darauf folgende Abkühlungsgeschwindigkeit aufzeichnen zu können.

5. Versuchsauswertung

5.1. Temperaturmessung

Das 25 mm dicke Kesselblech 19 Mn 5 wurde unter folgenden Bedingungen verschweißt:

Schweißspaltbreite:	25 mm
Freie Elektrodenlänge:	65 mm
Schweißgleichrichter:	400 A
Leerlaufspannung:	78 V
Schweißstrom:	420 A
Schweißspannung:	34 V
Drahtvorschub:	5,35 m/min

Diese optimalen Schweißbedingungen wurden an Hand von Festigkeitsprüfungen und Gefügebeurteilungen in Vorversuchen ermittelt. Während des Schweißvorganges erfolgte die Messung und Registrierung des Temperaturverlaufs im Grundwerkstoff. Die Temperaturmessung wurde mit Hilfe von Thermoelementen, die Aufzeichnung mit einem Lichtstrahl-Oszillographen durchgeführt. Das Gerät gestattete eine gleichzeitige Registrierung von 16 Temperaturkurven. Durch die hochempfindlichen Spulenschwinger ermöglichte es eine ausreichend genaue Aufzeichnung der bei der Versuchsdurchführung auftretenden elektrischen Impulse.
Als Thermoelement für die Versuche wurde die Paarung Platin–Platin–Rhodium verwendet. Für diese Elemente ist die Anzeige im Temperaturbereich bis zu 600°C ungenau, da die Thermokraft noch zu gering ist. Bei Temperaturen bis zu 1600°C weist es jedoch eine hohe Empfindlichkeit auf. Die zulässigen Abweichungen betragen bis zu 600°C $\pm$ 3% und über 600°C $\pm$ 0,5% (DIN 43710). Die Thermoelemente wurden auf vier senkrecht zur Schweißrichtung verlaufenden Horizontalreihen verteilt. Die Anordnung erfolgte nur in einer der zu verschweißenden Plattenhälften, da die Wärmeausbreitung im Werkstück symmetrisch zur Fortbewegungsachse der Wärmequelle ist. Da die Wärmeabfuhr zu Beginn der Schweißung maximale Werte annimmt, und sich die Probe erst mit fortlaufender Schweißung gleichmäßig aufheizt, wurde das erste Thermoelement 70 mm über dem Nahtanfang angeordnet. Der Abstand zwischen den folgenden Reihen beträgt jeweils 30 mm (siehe Abb. 12). Die Meßstelle der Thermoelemente liegt in der Blechmitte, also 12,5 mm unter der Werkstoffoberfläche. Um den Gleitweg der Kühlbacken nicht zu behindern, wurden die Thermodrähte in der Schweißspaltnähe in ausgekreuzten Nuten verlegt und eingegipst. Die Gesamtansicht der Versuchseinrichtung zeigt Abb. 13.

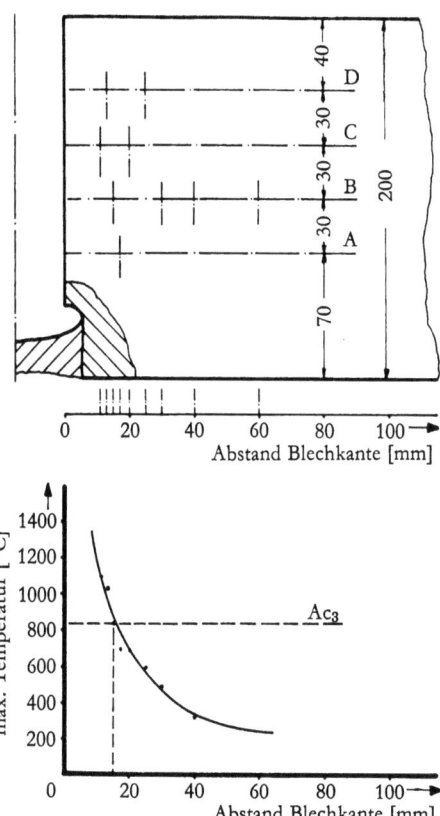

Abb. 12 Anordnung der Thermoelemente

Dabei ist besonders darauf zu achten, daß die Thermoelemente selbst und ihre Zuleitungen gut abgeschirmt und nicht in der Nähe einer Schweißstromzuführung verlegt werden, da sich sonst sehr leicht je nach Lage der Drähte eine Spannung positiv oder negativ überlagert. Dies kann unter Umständen zur Verfälschung des Ergebnisses führen.

Der Verlauf der aufgezeichneten Temperaturen ist aus den folgenden Diagrammen zu ersehen.

Wie die Diagramme zeigen, nehmen die erreichten Temperaturen mit zunehmendem Abstand von der Schweißstelle ab. Die registrierten Maximalwerte sind in unmittelbarer Nähe der Phasengrenze flüssig–fest (vgl. Abb. 14). Die dicht neben dem Schmelzbad angeordneten Elemente erreichen ihre Maximaltemperaturen, wenn das Wärmezentrum (Schlackenbad unter der Elektrodenspitze) auf gleicher Höhe liegt. Die übrigen Thermoelemente kommen ebenfalls auf Höchstwerte in Zeitabständen, die mit zunehmender Entfernung zur Schweißnaht steigen.

Bei Beginn der Elektro-Schlacke-Schweißung vergrößert sich das Volumen des Schmelzbades. Dadurch nimmt die Wärmeausbreitung zu, und die Wärmezone des Werkstückes erweitert sich. Bei Eintritt der Wärmesättigung, d. h. sobald der

Abb. 13 Versuchseinrichtung zur Temperaturmessung

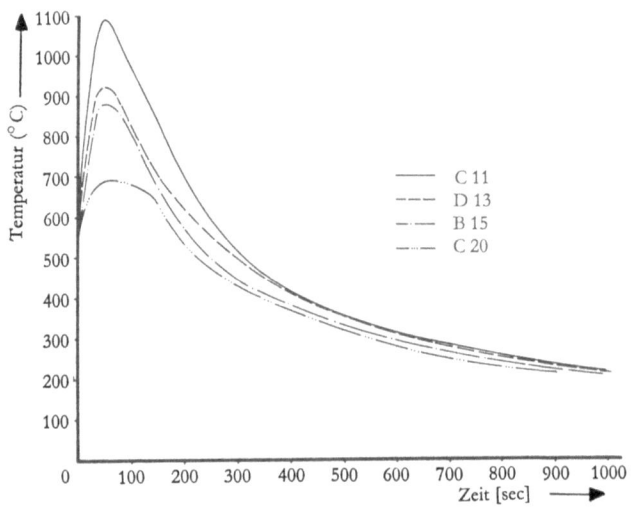

Abb. 14 Temperaturverlauf bei einer ES-Schweißung

Grenzwert der Wärmeausbreitung im Werkstück erreicht ist, hat die wärmebeeinflußte Zone in der Schweißprobe maximale Ausmaße. Sie schreitet dann mit fortlaufender Schweißung parallel zum Wärmezentrum in Schweißrichtung fort. Am Ende der Schweißnaht bildet sich ein Wärmestau, der zu Wärmerissen im Gefüge führen kann.

5.1.1. *Auswertung des ZTU-Diagrammes*

Die mit den Thermoelementen erstellten Abkühlungskurven ermöglichen es, in ein ZTU-Schaubild des Werkstoffes 19 Mn 5 eingetragen, Aussagen über die Umwandlungstemperaturen, die Härtewerte und über die Gefügezusammensetzung in der Wärmezone des Grundwerkstoffes zu machen.
Die chemische Zusammensetzung des verwendeten Werkstoffes entspricht der der Schmelze 2 des Stahles 19 Mn 5 im »Atlas zur Wärmebehandlung der Stähle«.

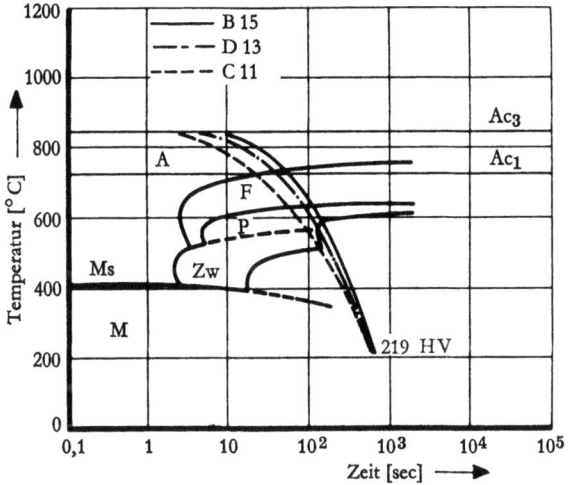

Abb. 15 Kontinuierliches ZTU-Schaubild des Stahles 19 Mn 5
mit den Abkühlungskurven B 15, D 13 und C 11

Das in Abb. 15 dargestellte kontinuierliche ZTU-Schaubild läßt drei Bereiche unterscheiden: der gleichgewichtsähnliche Bereich der Ferrit- und Perlitbildung, der bei langsamsten Abkühlungsvorgängen an die Ac_3- und Ac_1-Temperatur anschließt, der Bereich der Martensitbildung, der von den höchsten Abkühlungsgeschwindigkeiten ausgeht, und die Zwischenstufe, die sowohl hinsichtlich der Geschwindigkeit als auch hinsichtlich der Temperatur zwischen diesen beiden Bereichen liegt. Aus dem Schaubild sind folgende kritische Abkühlungsgeschwindigkeiten vom Punkt Ac_3 bis 500°C nach Abkühlen von 900°C zu entnehmen: Km = 1,6 sec; Kf = 3,6 sec; Kp = 160 sec. Km ist die größte Abkühlungszeit, bei der noch reiner Martensit entsteht. Kf und Kp kennzeichnen die Zeiten, bei denen das erste Auftreten von Ferrit und der Beginn vollständiger Perlitbildung auftreten. Durch diese drei Werte werden die wesentlichen Aussagen des Umwandlungsschaubildes für kontinuierliche Abkühlung zusammengefaßt, und die Bereiche der Abkühlungsvorgänge nicht nur für die Martensitbildung sondern auch für die Ferrit- und Perlitbildung beschrieben.

Wie aus dem ZTU-Schaubild weiter zu ersehen ist, wird die Temperatur der beginnenden Martensitbildung erniedrigt, wenn bei unterkritischen Abkühlungsgeschwindigkeiten eine Zwischenstufenumwandlung oder eine Ferrit- und Perlitbildung vorhergegangen ist. Diese Erniedrigung der Ms-Temperatur ist durch Entmischungsvorgänge zu erklären, die eine Anreicherung des Kohlenstoffes im Austenit bewirken.

Der Abkühlungsvorgang bei der Elektro-Schlacke-Schweißung neben der Schweißnaht im Grundwerkstoff ist als Parameter in das Schaubild eingetragen. Als Nullpunkt der Zeitrechnung ist der Durchgang durch den Ac_3-Punkt angenommen.

Jeder gegebenen Abkühlung kann ein bestimmter Gefügezustand gekennzeichnet durch Art und Menge der Gefügebestandteile, und damit auch eine bestimmte Härte zugeordnet werden.

Die beiden Abkühlungskurven B 15 und D 13 liegen außerhalb des kritischen Abkühlungsbereiches, d. h. außerhalb der Grenzen der Mischgefüge mit Martensit, im Gebiet der vollständigen Ferrit–Perlit-Bildung. Bei einem Vergleich mit den Abkühlungskurven im »Atlas der Wärmebehandlung der Stähle« ergeben die Abkühlungen eine Gefügezusammensetzung von etwa 58% Ferrit und 42% Perlit bei einer Härte von 219 HV (Prüflast = 30 kp).

Die Abkühlungskurven der Wärmezone im Grundwerkstoff der Schweißprobe verschieben sich mit zunehmender Annäherung an die Grenze flüssig–fest hin zu höheren Abkühlungsgeschwindigkeiten (vgl. Kurve C 11 im Schaubild).

Sie treten damit in den Bereich der Zwischenstufe ein. In der Ferrit–Perlit-Stufe bilden sich die Kristallarten, insbesondere der Ferrit, durch Diffusionskristallisation. Im Bereich der Zwischenstufe hat die Selbstdiffusion des Eisens und die Diffusion der Legierungselemente, die an Gitterplätze des Eisens traten, stark abgenommen. Sie zeigt in dieser Hinsicht deutlich eine enge Verwandtschaft zum Martensit. So ist auch bei weiterer Abkühlung aus dem Zwischenstufenbereich heraus immer mit dem Auftreten von Martensit zu rechnen und zwar bei kürzeren Abkühlungszeiten in zunehmendem Maße. Mit Zunahme des Zwischenstufengefüge-Anteils und mit dem weiteren Abfall des Perlitgefüges ist ein Anstieg der Härte verbunden.

Nach den Aussagen des ZTU-Schaubildes ist zu erwarten, daß an der Grenze Schweißnaht–Grundwerkstoff auf Grund des zunehmenden Martensitgehaltes mit Härtespitzen zu rechnen ist.

Die Gefügezusammensetzungen und Härtewerte, die sich aus den Abkühlungskurven im ZTU-Schaubild ergeben, decken sich mit den Aussagen der Schliffbilder.

Die Bilder der Gefüge geben einen Überblick über die Gefügeverteilung in der wärmebeeinflußten Zone des Grundwerkstoffes. Die Schliffbilder an der Grenze

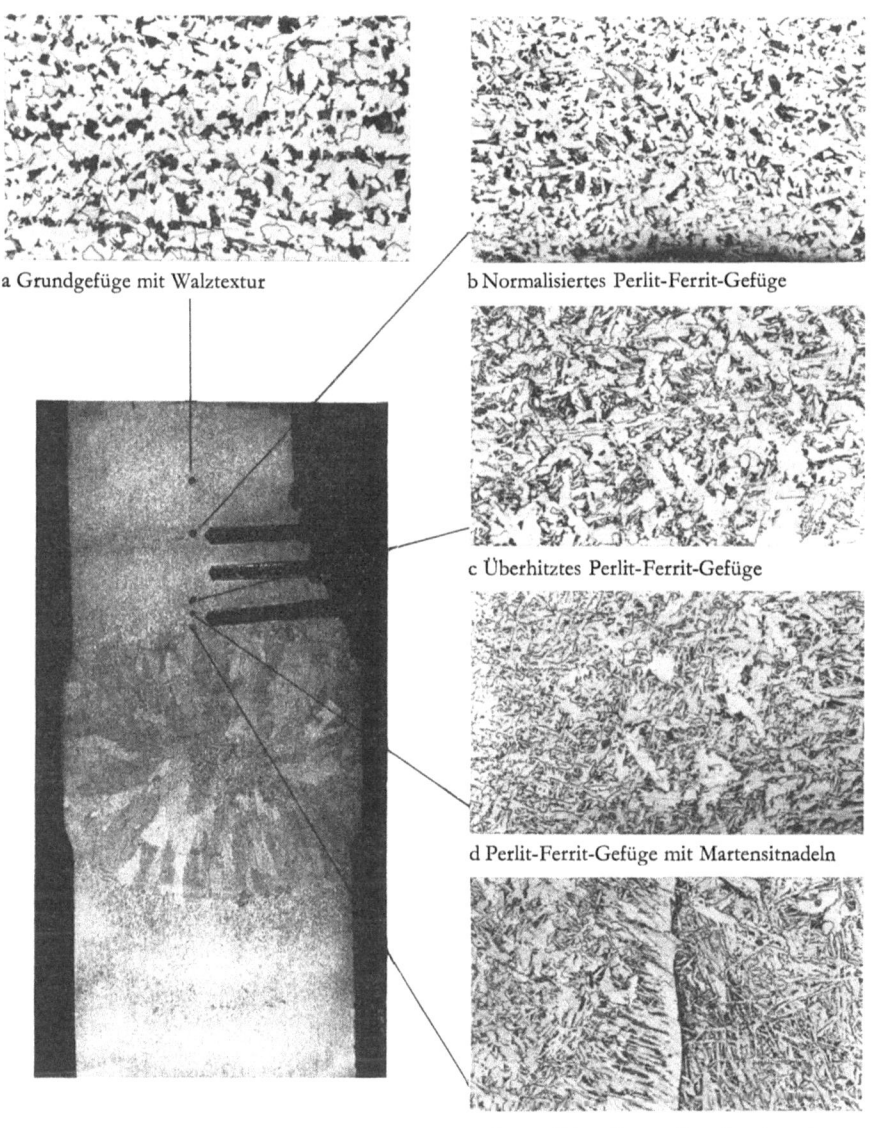

Abb. 16 a–e

zur Schweißnaht zeigen deutlich, daß die Abkühlung im Bereich der kritischen Abkühlungsgeschwindigkeit lag. An das nadelige, martensitische, aufgehärtete Gefüge schließen sich Gefügebilder mit perlitisch-ferritischem Charakter an bis hin zum unbeeinflußten Grundwerkstoff wo die Walztextur noch deutlich ausgebildet ist. Der Härteverlauf (vgl. Diagramm Abb. 17) zeigt in der Übergangszone einen starken Härteanstieg, der zur Schweißnahtmitte wieder abfällt.

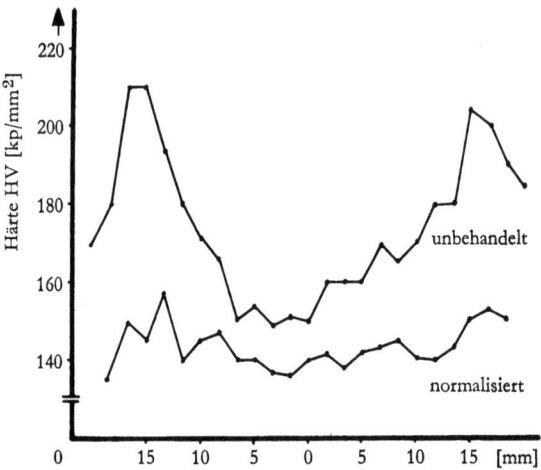

Abb. 17 Härteverlauf in der Schweißnahtmitte senkrecht zur Schweißrichtung

Die beim schnellen Abkühlen durch Umwandlung des Austenits entstandenen Gefüge sind nicht im thermodynamisch stabilen Gleichgewicht. Beim Wiedererwärmen in Temperaturbereichen, die eine ausreichende Diffusion ermöglichen, verändern sich diese Gefüge in Richtung auf stabilere Zustände. Die Anlaßtemperatur bei der Versuchsdurchführung betrug 900°C bei einer Anlaßdauer von 3 Stunden. Beim Anlassen zerfällt der Martensit in Ferrit und Zementit. Besonders die großen Härtespitzen werden durch Normalisieren abgebaut (vgl. Abb. 17).

5.2. Festigkeitsuntersuchung

Die Festigkeitseigenschaften des Elektro-Schlacke-Schweißgutes entsprechen in etwa denen des Grundwerkstoffes. Um entsprechende Werte der Schweißverbindungen zu erhalten, wurden Proben mit den in Abschnitt 7 erwähnten Daten geschweißt.
Daraus wurden Flachzug-, Rundzug-, Biege- und Kerbschlagproben angefertigt. Außerdem wurden Härtemessungen im Grundwerkstoff und Schweißgut vorgenommen, um die Härteänderung in der Naht und den Einfluß des grobkörnigen Gefüges festzustellen.

5.2.1. *Kerbschlagbiegeproben*

Die Kerbschlagbiegeproben wurden nach DIN 50122 hergestellt. In Abb. 18 sind die Entnahmestellen der Proben gezeigt. Zum Vergleich wurden ebenfalls zwei Proben aus dem unbeeinflußten Grundwerkstoff entnommen.

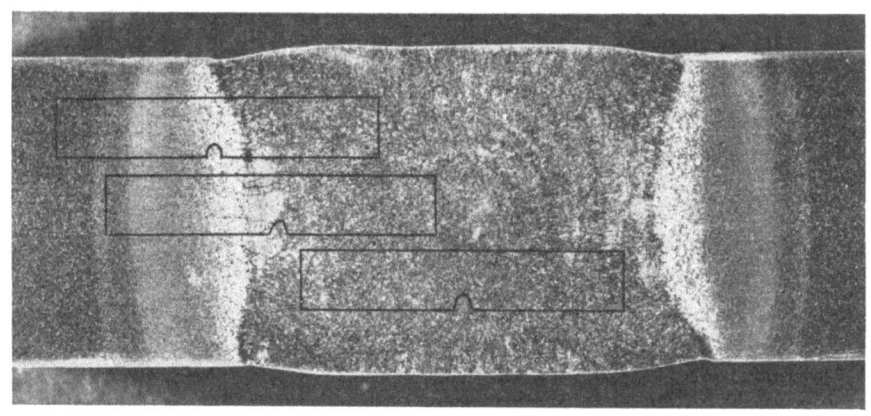

Abb. 18 Die Entnahmestellen der Kerbschlagproben nach DIN 50122
Stahlblech St 37; 20 mm Dicke

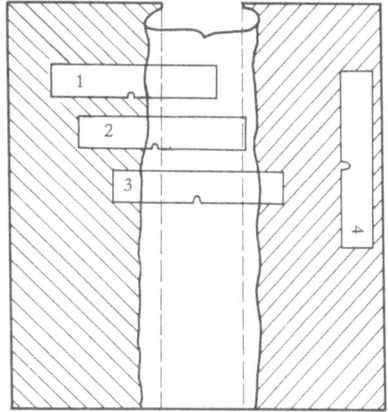

Abb. 19 Skizze der Entnahmestellen von Kerbschlagproben
bei einer elektro-schlacke-geschweißten Stumpfnaht

Kerbschlagzähigkeit a_k in kp/mm²

Position	Blechdicke		
	10 mm	20 mm	25 mm
1	6,6	7,7	7,3
2	11,9	12,6	12,3
3	10,4	10,4	10,3
4	14,0	14,4	14,3

Die Werte für die Kerbschlagzähigkeit bei allen drei untersuchten Blechdicken weisen die gleiche Tendenz auf. Grundsätzlich liegen sie unter denen des Grundwerkstoffes. Durch die geringe Aufhärtung in der überhitzten Übergangszone bedingt, liegen hier die erzielten a_k-Werte am niedrigsten. Am Nahtrand ist bei Position 2 eine Anstieg der Kerbschlagzähigkeit festzustellen. Ein Vergleich mit dem entsprechenden Mikroschliff aus Abb. 16 zeigt, daß es sich hierbei um eine normalisierte Zone handelt. Zur Nahtmitte fallen die a_k-Werte wieder ab, da hier der Einfluß der schwachen Zone (siehe Abschnitt 2) wirksam wird. Abb. 20 zeigt die Bruchflächen dreier Kerbschlagproben. Von links nach rechts: Normalisierte Zone, Grundwerkstoff, Schweißzone. Die Unterschiede in der Korngröße sind deutlich zu erkennen.

Abb. 20   Bruchflächen von Kerbschlagproben
(St 37; 25 mm)

5.2.2. Zugfestigkeit

Die Zugproben wurden nach den in DIN 50120 angegebenen Bedingungen als Flachzugproben ausgeführt. Hierbei besteht die Möglichkeit, die Schweiße, Übergangszone und Grundwerkstoff bei gleicher Beanspruchung zu prüfen. Im einzelnen ergaben sich die in der Tabelle angegebenen Werte.

Blechdicke in mm	Zugfestigkeit in kp/mm²	
	a	b
10	42,9	43,2
20	43,8	43,4
25	45,0	45,5

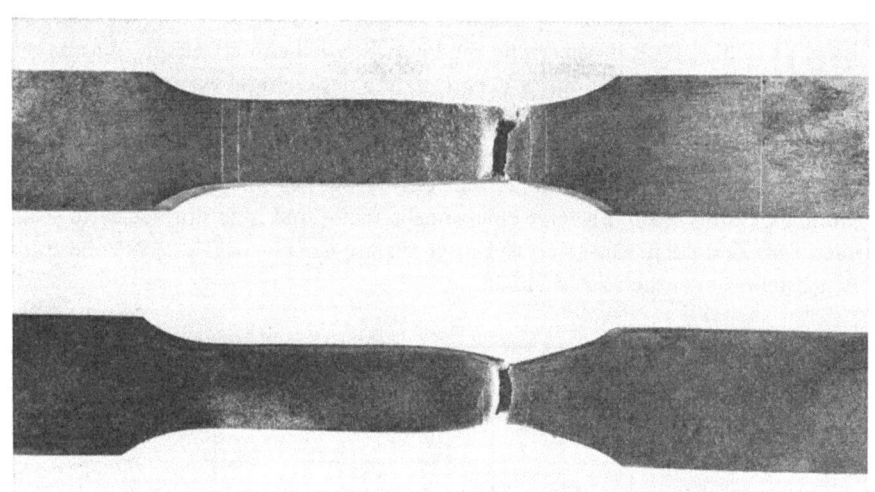

Abb. 21   Bruchaussehen einer unbehandelten und einer normalisierten Probe

Abb. 22   Bruchaussehen einer 10 mm dicken Zugprobe

Bei allen durchgeführten Zugversuchen trat der Bruch in der Übergangszone auf. Es zeigt sich, daß an dieser Stelle die beim Schweißen auftretende Wärme eine Minderung der Festigkeit durch Vergröberung des Gefüges verursacht. Eine dem Schweißprozeß folgende Wärmebehandlung der Probe bringt eine wesentliche Verbesserung der Werte.

Die geschweißte Probe wurde 25 min bei 890°C geglüht und anschließend im Ofen abgekühlt. Abb. 21 zeigt eine unbehandelte und eine normalisierte Probe nach dem Zerreißen. Die stärkere Einschnürung der normalisierten Probe an der Bruchstelle ist deutlich zu erkennen.

Wärme-behandlung	Zug-festigkeit kp/mm²	Streck-grenze kp/mm²	Bruch-dehnung %	Ein-schnürung %
unbehandelt	44,7	38	30	35,2
normalisiert	41,2	26,2	43,9	63,5

Die Abb. 22 zeigt die Zugprobe und die Bruchfläche einer 10 mm dicken Probe.

5.2.3. Faltversuch

Über die Verformungsfähigkeit von geschweißten Stumpfnähten gibt der Faltversuch nach DIN 50121 Aufschluß. Zu diesem Zweck wird die beim Schweißen entstandene Nahtüberhöhung bis auf die Ausgangsblechdicke abgearbeitet. Es wurden Proben um die Achse der Schweißrichtung gebogen, so daß die auf Zug beanspruchte Zone an der Außenseite der Schweißnaht liegt. Bei den Querbiegeproben verläuft dagegen die auf Zug beanspruchte Zone mitten durch die Schweißnaht. Bei allen Versuchen ergab sich ein Biegewinkel von annähernd 180°, ohne daß ein Anriß auftrat. Bei den Faltproben des 10-mm-Bleches lag der maximal erreichte Biegewinkel zwischen 160 und 170°, ohne daß jedoch auch hier ein Anriß zu erkennen ist.

Beanspruchungsrichtung	Biegewinkel in °			Bemerkung
	Blechdicke			
	10 mm	20 mm	25 mm	
Querbiegeproben	163 170	175 180	180 180	ohne Anriß
Längsbiegeproben	170 160	177 175	180 180	

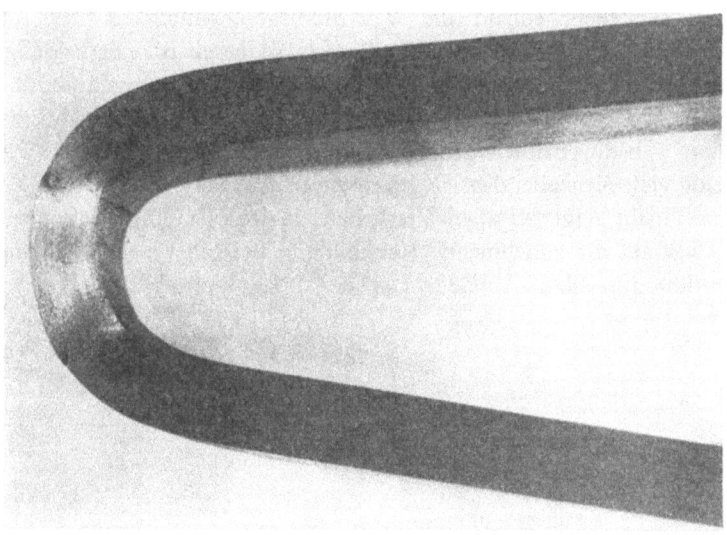

Abb. 23 Faltprobe an 10 mm dickem Stahlblech S. 37

5.3. Die Makrostruktur einer Elektro-Schlacke-Schweißnaht

Die sogenannte Makrostruktur des Schweißgutes wird durch die Primärkristallisation bestimmt. Vom Charakter dieses Kristallisationsstadiums hängt die Richtung der Säulenkristalle, ihre Ausmaße, das Vorhandensein oder Ausbleiben von Bewegungsflächen von Kristallen sowie auch Risse, Poren und andere Fehlerstellen metallurgischer Herkunft ab. Die Kristallisationsschichten entsprechen in ihrer Form der des Schmelzbades (siehe Abschnitt 1.2.1.).
Wegen der Übereinstimmung der Ergebnisse bei allen drei untersuchten Blechdicken sei an dieser Stelle der Makroschliff einer 10-mm-Probe dargestellt. Abb. 24a und b zeigt die Vorder- und Rückansicht der geschweißten Probe. Die Abb. 25a–c stellen die dazugehörigen Makroschliffe in den angegebenen Schnitten dar.
In der Außenzone der Schweißnaht überwiegen die großen Stengelkristalle, deren Größe zur Nahtmitte hin abnimmt. Der Übergang vom Grundwerkstoff zur Wärmezone verläuft deutlich linear. Durch eine geringe Nahtüberhöhung wird ein guter Werkstoffübergang garantiert und eine Kerbwirkung verhindert.
In Abb. 26a und b sind zwei Längsschnitte durch die Schweißnaht in zwei verschiedenen Ebenen dargestellt. Hier fällt ebenfalls die grobe Kristallbildung an den Rändern der Schweißnaht auf.
Die Längsschliffe lassen erkennen, daß sich am Anfang der Naht ein feinkörniges Gefüge gebildet hat, bedingt durch die große Wärmeabfuhr der noch kalten Probe und dem anfangs noch kleinen Schmelzbadvolumen.
Allmählich bildet sich das bekannte grobkörnige Elektro-Schlacke-Gefüge mit zur Mitte in Schweißrichtung gebogenen Stengelkristallen aus. Die großen

Dendriten entstehen, sobald die Wachstumsgeschwindigkeit der Austenitkristalle größer oder gleich der Schweißgeschwindigkeit ist. Die Bildung dieser Kristalle wird unter anderem durch die Abkühlungsbedingungen und die Tiefe des Metallbades beeinflußt (siehe Abschnitt 1.2.1.). So entstehen bei stärkerer Abkühlung – bedingt durch größere Kontaktflächen zu den kälteren Zonen – gleichzeitig viele Kristalle, die sich gegenseitig am Wachstum hindern. Die Mitte der Schweißnaht zeigt bei allen Versuchen ein feines Gefüge geringer Orientierung, was auf die zunehmende Keimbildung bei Sinken der Badtemperatur zurückzuführen ist (siehe Abb. 25a–c sowie Abb. 26a und b).

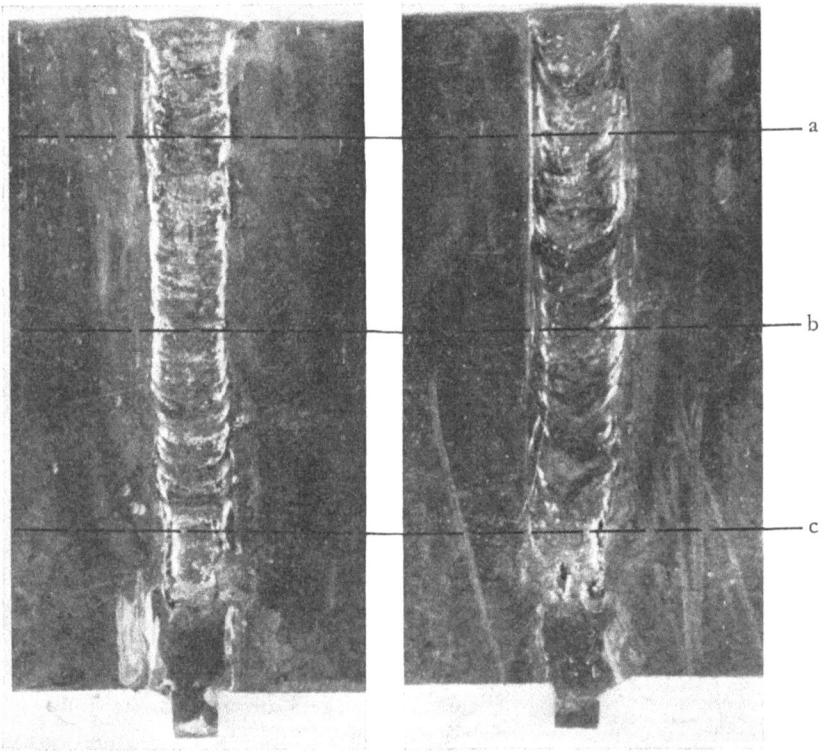

Abb. 24a und b Vorder- und Rückseite der Elektro-Schlacke-Schweißnaht an 10 mm dickem Stahlblech St 37

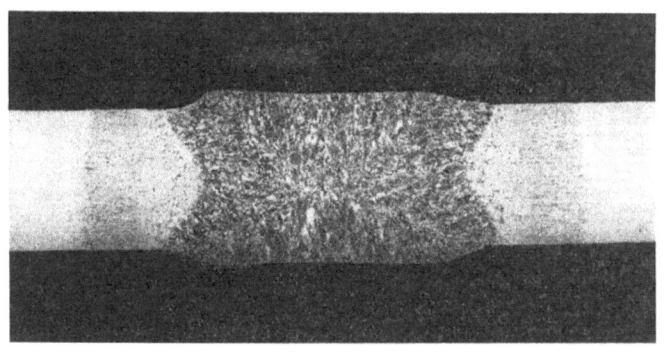
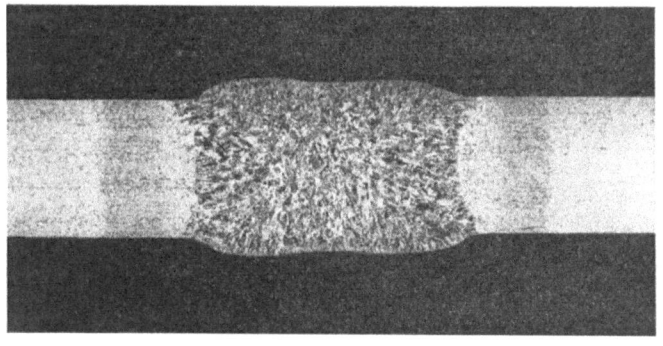
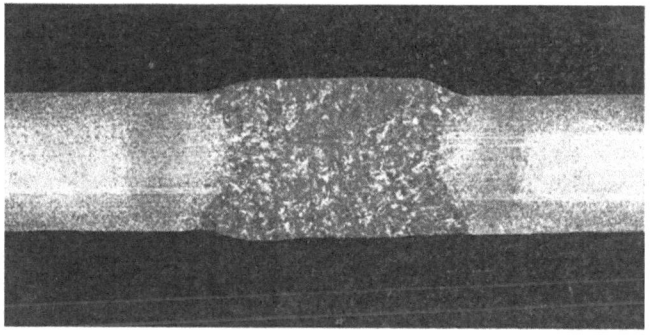

Abb. 25a–c

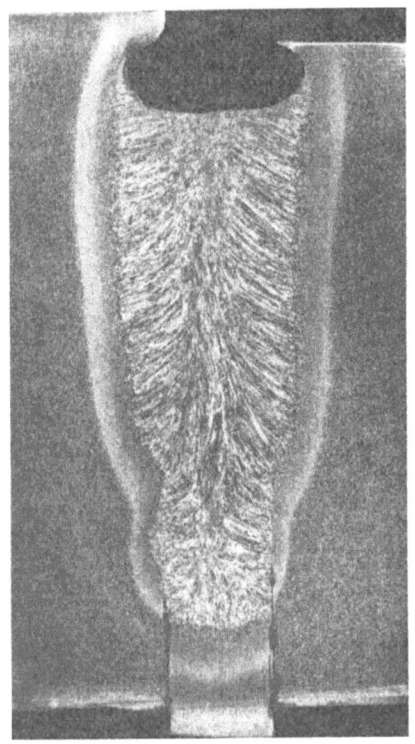 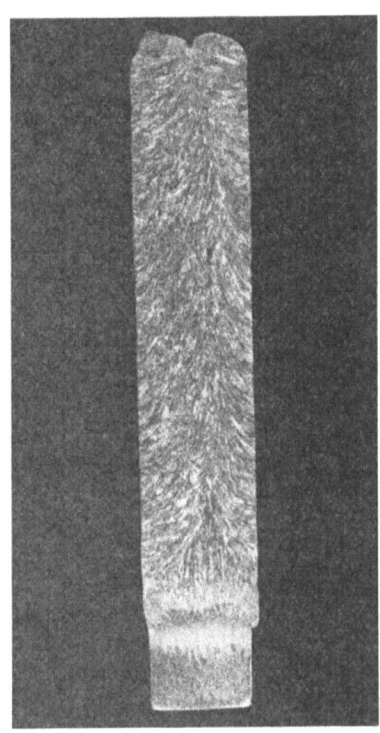

Abb. 26a und b   Längsschliff durch die Schweißnaht
in zwei senkrecht zueinander stehenden Ebenen
(Ätzung: 10%ige Salpetersäure)

5.4. Die Mikrostruktur einer Elektro-Schlacke-Schweißnaht

Als Sekundärkristallisation wird der Vorgang der Phasenumwandlung benannt, der im erstarrten Schweißgut erfolgt. Die Sekundärkristallisation bestimmt das Mikrogefüge der Schweißverbindung. Sie hat wesentlichen Einfluß auf die mechanischen Gütewerte des Schweißgutes. Durch die Überhitzung des Metalles auf Temperaturen bis über 1600°C treten bei Stählen mit niedrigerem Kohlenstoffgehalt Ferritausscheidungen nicht nur an den Korngrenzen des früheren Austenit-Kristalls sondern auch im Korninnern auf. Es entsteht durch diese Ferrit–Perlit-Anordnung ein mehr oder weniger nadeliger Gefügeaufbau, den man als »Widmannstättensches Gefüge« bezeichnet. Die Gefügeausbildung und Korngröße ist abhängig von der Abkühlungsgeschwindigkeit (siehe Abschnitt 5.1.). In den folgenden Abbildungen ist die Gefügeausbildung ausgehend vom Grundwerkstoff zur Schweißmitte dargestellt. Alle Mikroschliffe sind mit 1%iger alkoholischer Salpetersäure geätzt worden.

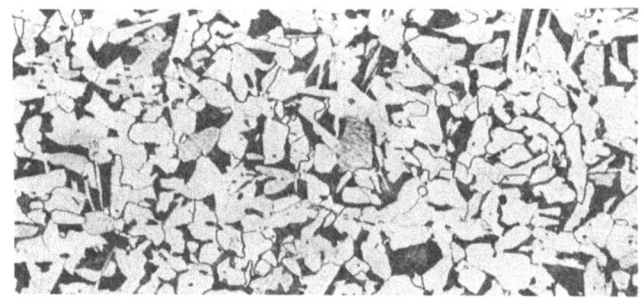

Abb. 27   Gefüge des Grundwerkstoffes bestehend aus Ferrit und Perlit
V = 150×

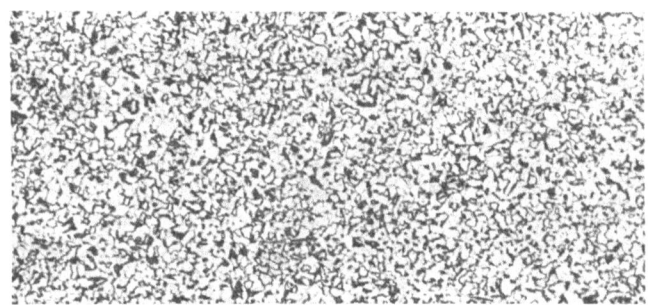

Abb. 28   Wärmebeeinflußte Zone:
Stark rekristallisiertes Grundgefüge sehr feiner Struktur
V = 150×

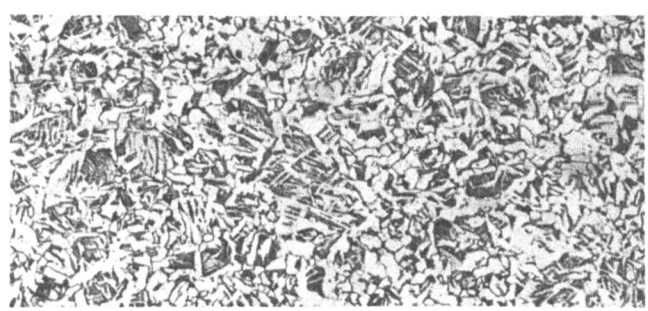

Abb. 29   Kornwachstum unter dem Einfluß der höheren Wärme
und beginnendes Zwischenstufengefüge
V = 150×

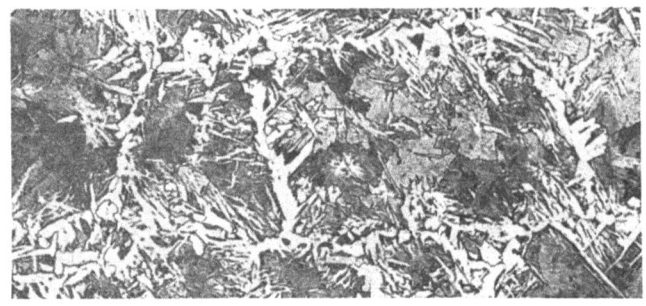

Abb. 30 Neben dem Zwischenstufengefüge zeigt sich auch überhitztes Korn mit »Widmannstättenschem« Charakter
V = 150×

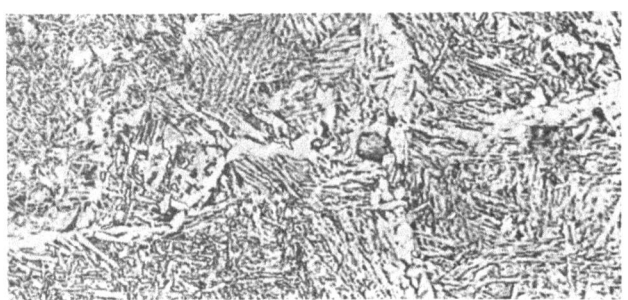

Abb. 31 Auflösung des Zwischenstufengefüges in Richtung Schmelze mit fortlaufendem Kornwachstum (Dendritenbildung)
V = 150×

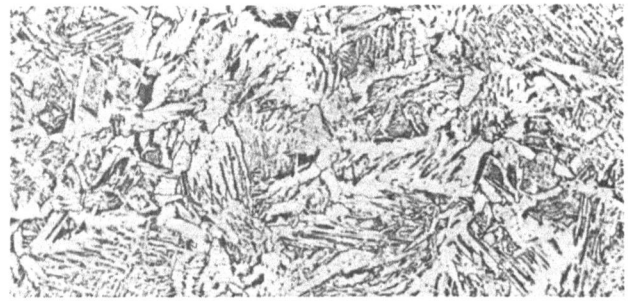

Abb. 32 Das Gefüge der reinen Schmelze
Das grobe Korn verwandelt sich in ein nadliges Gefüge
V = 150×

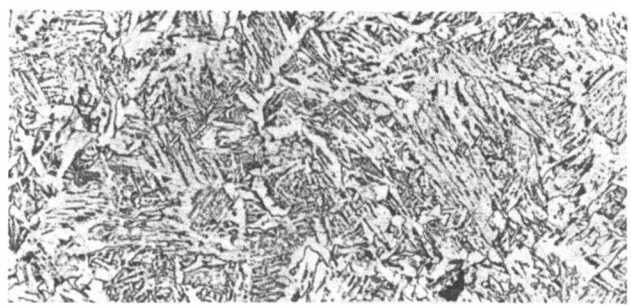

Abb. 33 Die Nahtmitte zeigt ein stark homogenisiertes Gefüge der reinen Schmelze, bestehend aus Ferrit und Perlit
V = 150×

5.5. Härtemessung des Schweißgutes

Um einen Überblick über den Einfluß der Temperatur auf den Grundwerkstoff und das Schweißgut zu erhalten, wird der Härteverlauf an je einer Probe der untersuchten Blechdicken von 25 mm, 20 mm und 10 mm dargestellt. Die Prüflast beträgt 30 kp.

Die Härte des Grundwerkstoffes liegt zwischen 120 HV und 130 HV, die des Schweißgutes je nach Meßstelle um 60–80 Einheiten höher. Bei den Blechdicken 20 mm und 25 mm ist der Härteverlauf in etwa gleich, während bei der Blechdicke 10 mm wegen des geringeren Schmelzbadvolumens und der höheren Abkühlungsgeschwindigkeit die Härtewerte um etwa 10% höher liegen. Die Schwankungen der Werte von Meßpunkt zu Meßpunkt sind auf Konzentrationsunterschiede zwischen den groben Säulenkristallen und den später erstarrten Legierungskomponenten zurückzuführen.

Die folgenden Diagramme geben die Werte der Proben wieder, die mit den im folgenden Abschnitt aufgeführten optimalen Werten geschweißt wurden. Selbstverständlich sind sie u. a. abhängig von der Stromstärke, der Größe des Schmelzbadvolumens, der Schweißgeschwindigkeit, der Schlackenbadhöhe und der Abkühlungsgeschwindigkeit.

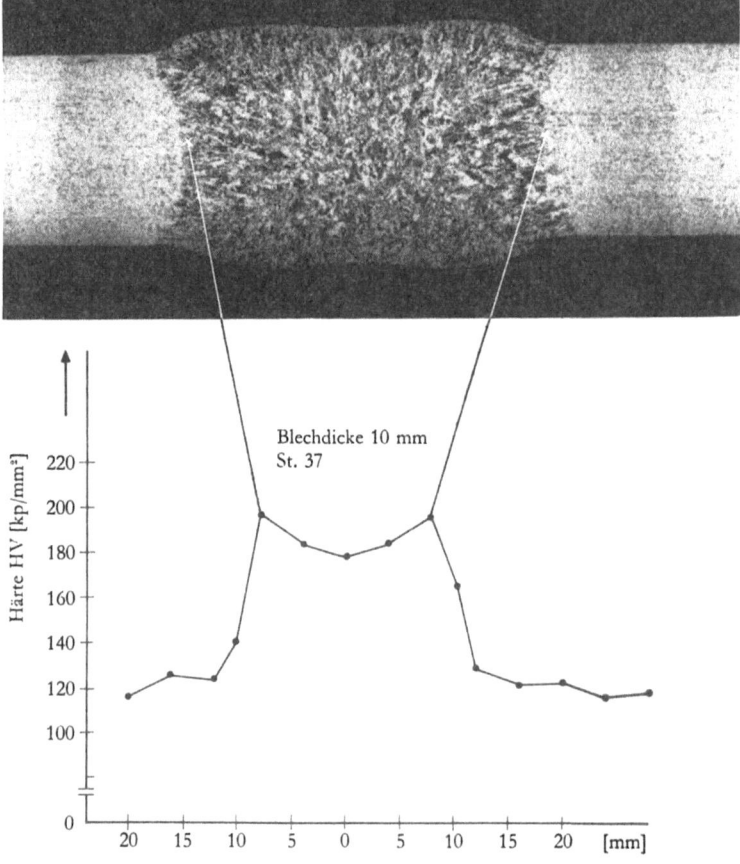

Abb. 34 Härteverlauf in Schweißnahtmitte

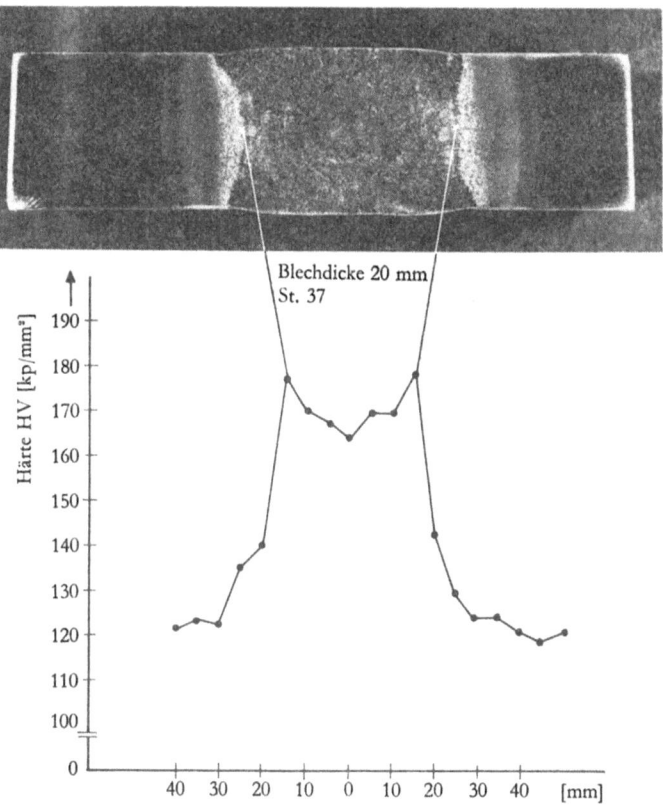

Abb. 35 Härteverlauf in Schweißnahtmitte

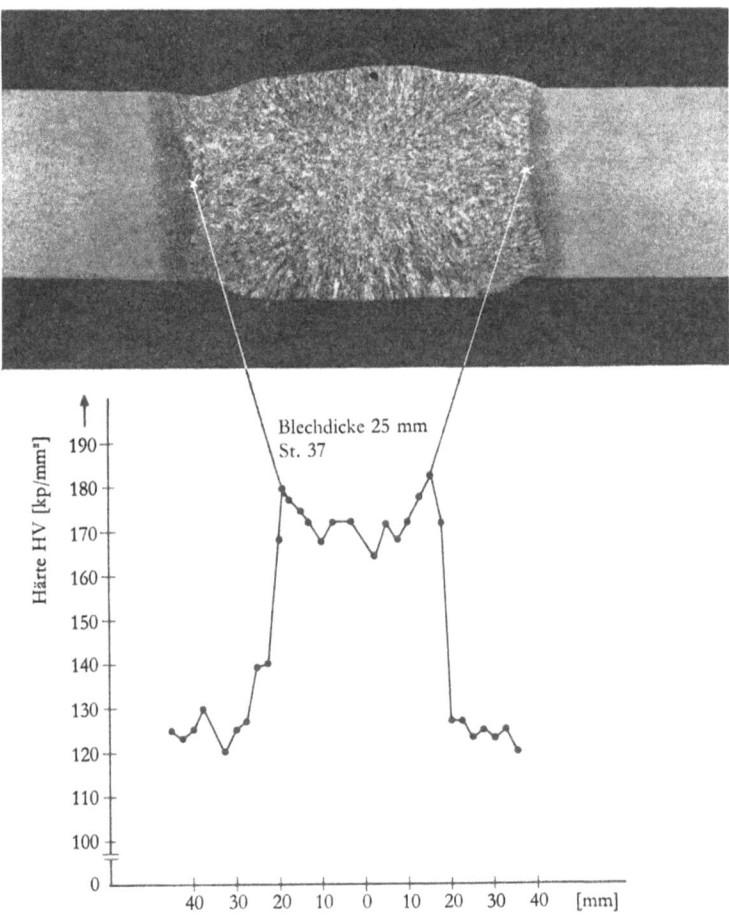

Abb. 36 Härteverlauf in Schweißnahtmitte

6. Zusammenfassung

In der vorliegenden Arbeit sollte die Anwendbarkeit des Elektro-Schlacke-Schweißverfahrens für Blechdicken bis zu 10 mm untersucht werden. Unter Verwendung einer mitabschmelzenden Drahtzuführung werden gute Schweißergebnisse erzielt. Bei dünnen Blechen ist besonderer Wert auf die Ausrichtung der Führungselektroden zu legen, da die Gefahr einer Berührung mit den Kupferbacken stark zunimmt. Das Schweißpulver darf während des Schweißprozesses nur sehr langsam nachgeschüttet werden, da es sonst leicht zusammenbackt und den Schweißvorgang behindert. Ein weiteres Problem besteht darin, den Schweißspalt so zu wählen, daß kein Lichtbogen zwischen der Drahtzuführung und den Werkstoffkanten bzw. Kühlbacken zustande kommt.

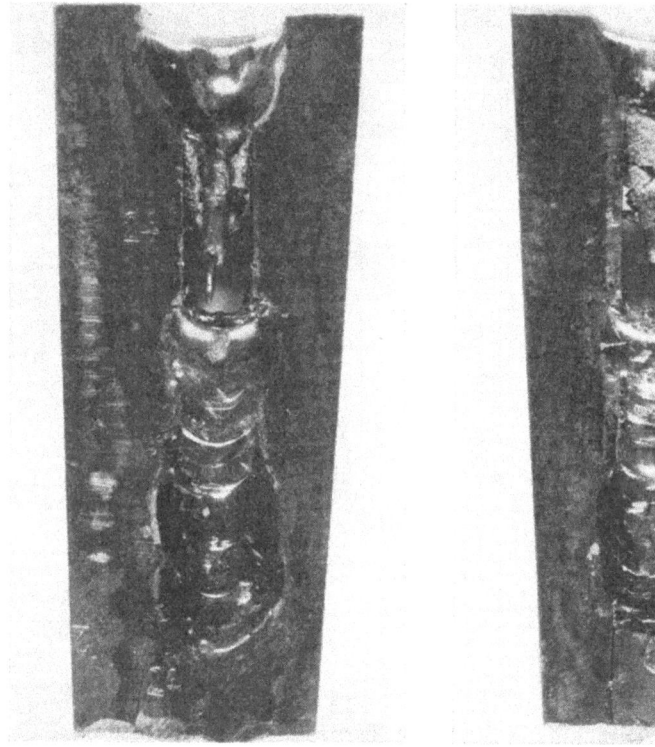

Abb. 37a und b   Eine durch einen Lichtbogen abgeschmolzene Drahtzuführung

Abb. 37a und b zeigen, daß der Lichtbogen nicht nur die Drahtzuführung an der Stelle abschmolz, sondern zudem noch einen Kanteneinbrand erzielte, der bei weiterem Nachschütten von Schweißpulver eine genügend große Fläche für die Fortsetzung des Schweißvorganges schuf.

Die Kühlbacken müssen so gestaltet sein, daß durch die eingearbeitete Nute eine Nahtüberhöhung von 1 bis 2 mm entsteht. Auf diese Weise wird die festigkeitsmindernde Kerbwirkung verhindert. Eine Kombination des Elektro-Schlacke-Verfahrens mit abschmelzender Drahtzuführung und der Elektro-Schlacke-Kokillen-Schweißung dürfte unter Anwendung von Sonderkühlbacken auch eine Verbindung dünnerer Bleche als 10 mm ermöglichen, sofern die Nahtüberhöhung in Kauf genommen werden kann. Einen Vorschlag zur Gestaltung der Kühlbacken zeigt Abb. 38.

Die verwendeten Einstelldaten sowie die erzielten Schweißwerte sind in der folgenden Tabelle zusammengefaßt:

Blechdicke	25 mm	20 mm	10 mm
Blechqualität	St 37 nach DIN 17100		
Stromart	Gleichstrom		
Schweißdraht-⌀	S1/2,4 mm	S1/2,4 mm	S1/1,6 mm
Abschmelzende Drahtzuführung	ja	ja	ja
Schweißpulver	AN 22	Flux V	Flux V
Schweißspalt	20–21 mm	18 mm	11–13 mm
Spannung	42 V	34 V	30 V
Stromstärke	550–600 A	390 A	200 A
Drahtvorschub	5 m/min	3,5 m/min	3 m/min
Schweißgeschwindigkeit	40 mm/min	32 mm/min	25 mm/min
Schlackenbadhöhe	50.mm	20–25 mm	15–20 mm
Kühlwassermenge	10–12 l/min		
Einbrand	9–11 mm	8 mm	7–8 mm
Abschmelzleistung	10,6 kp/h	7,1 kp/h	2,7 kp/h
Abschmelzkoeffizient	420 g/kWh	535 g/kWh	450 g/kWh

Zur Erklärung der Abhängigkeit des Schweißergebnisses und insbesondere des Einbrandes von den Schweißbedingungen liegt es nahe, Überlegungen über die Entstehung und Verteilung der Wärme im Schlackenbad anzustellen.

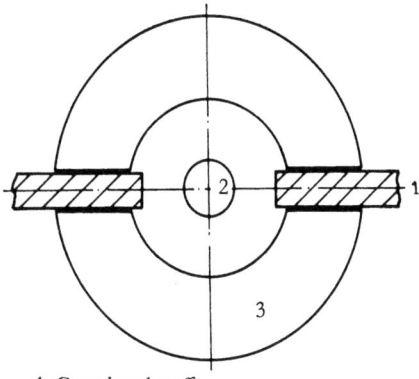

1 Grundwerkstoff
2 Elektrode
3 Kühlbacken

Abb. 38 Sonderkühlbacke zum Verschweißen dünner Bleche

Zunächst sei die Abhängigkeit des Einbrandes von den Schweißbedingungen noch einmal kurz zusammengefaßt:

Schweißbedingung	Veränderung	Einbrand
Spannung	größer	größer
Stromstärke	größer	begrenzt größer
Schlackenbadhöhe	größer	kleiner
Spaltbreite	größer	abhängig von Blechdicke
Drahtvorschub	größer	kleiner
Schweißdraht-⌀	größer	größer
Hohlelektroden-⌀	größer	größer

Das gilt natürlich nur dann, wenn außer einer Veränderlichen alle anderen Bedingungen konstant gehalten werden, was jedoch meist nicht möglich ist; so kann man z. B. den Drahtvorschub und die Spannung nicht unabhängig von der Stromstärke ändern.

Als Wärmequelle ist nach E. PATON nicht das ganze Schlackenbad anzusehen, sondern der größte Teil der Wärme entsteht in der nächsten Umgebung der Elektrodenspitze. Das ist einleuchtend, wenn man das Schlackenbad als einen elektrischen Widerstand ansieht, dessen Querschnitt mit dem Quadrat der Entfernung von der Spannungsquelle zunimmt. Die Joulesche Wärmeleistung $U \cdot I$ oder $R \cdot I^2$ entsteht deshalb dort, wo der Widerstand am größten ist, also in der Nähe des Schweißdrahtes, und zwar hauptsächlich an seinem Ende, wegen der als Spitzeneffekt bekannten Eigenschaft der Elektronen, sich an den Spitzen eines Leiters zu häufen. Die Stromstärke ist demnach außer von der angelegten Spannung von der Flächengröße des Schweißdrahtendes abhängig; sie nimmt bei konstanter Spannung ungefähr mit dem Quadrat des Drahtdurchmessers zu. Da die Stromdichte in direkter Umgebung des Drahtendes bei gleicher Spannung unabhängig vom Drahtdurchmesser ist, kann man annehmen, daß auch die Temperatur im Zentrum der Wärmequelle sich nur wenig mit der Drahtstärke ändert; mit zunehmendem Drahtdurchmesser vergrößert sich der Umfang der Wärmequelle und damit ihre Leistung.

Wird nun ein zu dünner Draht verwendet, wie z. B. der von 1,6 mm Durchmesser bei den ersten Versuchen, so schmilzt er infolge seiner im Verhältnis zum Volumen großen Oberfläche und der hohen Temperatur in seiner unmittelbaren Umgebung verhältnismäßig schnell ab. Die Temperatur des gesamten Schlackenbades ist jedoch zu niedrig, um den Grundwerkstoff aufschmelzen zu können, und es bildet sich kein Einbrand. Ein dickerer Draht bewirkt also auf zweifache Weise einen stärkeren Einbrand: Die größere Wärmequelle bringt das Schlackenbad auf eine höhere Durchschnittstemperatur; das kleinere Verhältnis von Oberfläche zu Volumen des Schweißdrahtes läßt ihn langsamer abschmelzen, das Schmelzbadniveau steigt also relativ langsam, so daß der das Schlackenbad umgebende Grundwerkstoff länger erwärmt wird und genügend Zeit zum Aufschmelzen hat.

Bei den bisherigen Überlegungen wurde der Einfluß der abschmelzenden Führungselektrode zunächst außer acht gelassen: Es ist anzunehmen, daß sich an ihrem Ende eine zweite Wärmequelle bildet, die aber wegen der erwähnten Spitzenwirkung an dem Ende des Schweißdrahtes weit weniger intensiv ist; andernfalls müßte die Hohlelektrode schneller abschmelzen, als der Schlackenspiegel steigt, und würde schließlich nicht mehr in das Bad eintauchen. Daß dies nicht der Fall ist, bestätigt die Annahme, daß der überwiegende Teil der Schweißwärme an der Spitze des Drahtes entsteht.

Die Zunahme des Einbrandes mit flacher werdendem Schlackenbad erklärt sich so: Bei gleichbleibender Leistung der Wärmequelle ist dann nur ein kleineres Schlackenvolumen mit entsprechend kleineren Kontaktflächen zum Grundwerkstoff und den Kühlbacken aufzuheizen; die pro Zeiteinheit abgeführte Wärmemenge sinkt, und die Temperatur des Schlackenbades wächst. Die Dauer der Wärmeeinwirkung auf jedes Werkstoffteilchen ist zwar bei höherem Schlackenbad größer, jedoch überwiegt der durch die größere Konvektionsfläche bedingte Temperaturabfall.

Die bei E. PATON erwähnte Zunahme des Einbrandes bei breiterem Schweißspalt wurde bei dünneren Blechen nicht festgestellt. Das liegt wahrscheinlich daran, daß bei dicken Blechen durch Verbreiterung des Schweißspaltes ein kompakteres Badvolumen entsteht, während bei den hier verschweißten Blechen seine Querschnittsflächen nahezu quadratisch war. Außerdem nimmt bei Verbreiterung des Schweißspaltes die Schweißgeschwindigkeit ab, so daß jede Stelle des Grundwerkstoffes längere Zeit erwärmt wird und daher stärker aufschmilzt. Bei dünneren Blechen macht sich jedoch bei breiterem Spalt gleichzeitig die größere Kontaktfläche mit den Kupferbacken in einem Absinken der Badtemperatur bemerkbar, und beide Einflüsse heben sich gegenseitig auf.

Ebenfalls mit der erwähnten Erwärmungsdauer erklärt sich die Abnahme des Einbrandes bei wachsendem Drahtvorschub, vorausgesetzt natürlich, daß die Leistung der Wärmequelle konstant bleibt.

Schließlich ist der Einbrand noch abhängig von der Probengröße und vom Stadium der Schweißung. Zu Beginn ist wegen der stärkeren Wärmeabfuhr der Einbrand geringer und wird erst konstant, wenn die Temperaturfelder im Blech sich einem Grenzzustand nähern, der aber bei kleinen Proben nicht erreicht wird, da sie sich immer mehr aufheizen und im oberen Teil der Probe ein Wärmestau entsteht. Weil die Leistung der Wärmequelle während der Schweißdauer annähernd konstant bleibt, die Vorwärmtemperatur des Grundwerkstoffes aber immer höher wird, ergibt sich ein zum Ende der Naht etwas größer werdender Einbrand. Diese Erscheinung läßt sich auch durch intensive Kühlung der Stirnseite der Bleche oder bei Verwendung größerer Proben nicht vermeiden.

Die durchgeführten Versuche beweisen, daß durch die abschmelzende Drahtzuführung der Anwendungsbereich der Elektro-Schlacke-Schweißung sich bis zu Blechstärken von 10 mm erweitern läßt, und daß auch mit geringerem apparativem Aufwand brauchbare Ergebnisse erzielt werden.

7. Literaturverzeichnis

GÜNTHER, W., Die Elektro-Schlacke-Schweißung, eine Neuentwicklung der sowjetischen Schweißtechnik. Z. Schweißtechnik, 1956, H. 11.

WOLOSCHKIEWITSCH, G. Z., Das Elektrische Schlackenschweißen. Z. Schweißtechnik, 1954, H. 6.

ANDERS, W., Das lichtbogenlose Schweißen dicker und großer, kompakter Querschnitte mit der Elektro-Schlacke-Schweißung. Z. Schweißen und Schneiden, 1957, H. 1.

MÜLLER, R., Untersuchungen über das ES-Schweißverfahren. Z. Schweißen und Schneiden, 1958, H. 9.

ERDMANN-JESNITZER, F., Beitrag zur Metallurgie der Elektro-Schlacke-Schweißung. Z. Schweißtechnik, 1958, H. 8.

KREKELER, K., und W. KRIEWETH, Elektro-Schlacke-Schweißung und Elektro-Kohlensäure-Schweißung. Z. Industrie-Anzeiger, 80. Jahrg., Nr. 58.

PATON, B. E., Elektro-Schlacke-Schweißung. VEB Verlag Technik, Berlin 1957.

PATON, B. E., Anwendung des Elektro-Schlacke-Verfahrens in der Schweißtechnik und in der Metallurgie. Z. Schweißen und Schneiden, 1963, H. 12.

AMMELING, TH., Die Elektro-Schlacke-Schweißung. Kjellberg-Esab-Schriften, H. 1, 1960.

DAUHIER, F. G., und P. C. VAN NOYEN, Schmelzen unter flüssiger Schlacke und maschinelles Senkrechtschweißen. Hausmitteilungen der ARCOS-Gesellschaft für Schweißtechnik mbH Aachen, Nr. 144.

WINKLER, K., F. THYSSEN und J. MENNEN, Schweißen dickwandiger Bleche nach verschiedenen Verfahren für den Reaktorbau. Z. Schweißen und Schneiden, 1962, H. 3.

MENNEN, J., Das Elektro-Schlacke-Schweißen schwerer Kesseltrommeln. Z. Schweißen und Schneiden, 1964, H. 9.

PATON, B. E., Anwendung des Elektro-Schlacke-Verfahrens in der Schweißtechnik und in der Metallurgie. Z. Schweißen und Schneiden, 1963, H. 12.

BURDEN, C. A., J. GARSTONE und J. A. LUCEY, Electro-Slag Welding of Relatively Thin Plate. Z. British Welding Journal 1964, H. 4.

WEVER, F., und A. ROSE, Atlas zur Wärmebehandlung der Stähle. Verlag Stahleisen mbH, Düsseldorf 1954, 1956 und 1958.

FORSCHUNGSBERICHTE
DES LANDES NORDRHEIN-WESTFALEN

Herausgegeben im Auftrage des Ministerpräsidenten Dr. Franz Meyers
vom Landesamt für Forschung, Düsseldorf

ACETYLEN · SCHWEISSTECHNIK

HEFT 14
Forschungsstelle für Acetylen, Dortmund
Untersuchungen über Aceton als Lösungsmittel für Acetylen
1952. 57 Seiten, 10 Abb., 26 Tabellen. DM 12,25

HEFT 38
Forschungsstelle für Acetylen, Dortmund
Untersuchungen über die Trocknung von Acetylen zur Herstellung von Dissousgas
1953. 28 Seiten, 11 Abb., 3 Tabellen. Vergriffen

HEFT 52
Forschungsstelle für Acetylen, Dortmund
Untersuchungen über den Umsatz bei der explosiblen Zersetzung von Acetylen
a) Zersetzung von gasförmigem Acetylen
b) Zersetzung von an Silikagel absorbiertem Acetylen
1953. 37 Seiten, 8 Abb., 10 Tabellen. Vergriffen

HEFT 78
Forschungsstelle für Acetylen, Dortmund
Über die Zustandsgleichung des gasförmigen Acetylens und das Gleichgewicht Acetylen—Aceton
1954. 29 Seiten, 3 Abb., 8 Tabellen. DM 8,—

HEFT 102
Dr. phil. habil. Paul Hölemann, Ing. Rolf Hasselmann und Ing. Grete Dix, Dortmund
Untersuchungen über die thermische Zündung von explosiblen Acetylenzersetzungen in Kapillaren
1954. 30 Seiten, 5 Abb., 4 Tabellen. DM 8,60

HEFT 104
Prof. Dr. Walter Weizel, Bonn
Über den Einfluß der Elektroden auf die Eigenschaften von Cadmium-Sulfid-Widerstands-Photozellen
1954. 34 Seiten, 12 Abb. DM 9,45

HEFT 109
Dr. phil. habil. Paul Hölemann und Ing. Rolf Hasselmann, Dortmund
Untersuchungen über die Löslichkeit von Acetylen in verschiedenen organischen Lösungsmitteln
1954. 27 Seiten, 10 Abb., 8 Tabellen. Vergriffen

HEFT 110
Dr. phil. habil. Paul Hölemann und Ing. Rolf Hasselmann, Dortmund
Untersuchungen über den Druckverlauf bei der explosiblen Zersetzung von gasförmigem Acetylen
1955. 40 Seiten, 10 Abb., 5 Tabellen. DM 11,—

HEFT 120
Dipl.-Ing. A. Weisbecker, Lüdenscheid
Über Anfressung an Reinstaluminium-Schweißnähten bei der elektrolytischen Oxydation
Gebr. Hörstermann GmbH, Velbert
Entwicklung und Erprobung eines neuartigen Gummibandförderers
1955. 32 Seiten, 18 Abb. DM 9,70

HEFT 138
Dr. phil. habil. Paul Hölemann und Ing. Rolf Hasselmann, Dortmund
Untersuchungen über die Zersetzungswärme von gasförmigem und in Aceton gelöstem Acetylen
1955. 37 Seiten, 8 Abb., 7 Tabellen. DM 10,40

HEFT 170
Prof. Dr. phil. Franz Wever, Dr. phil. Adolf Rose und Dipl.-Ing. L. Rademacher, Max-Planck-Institut für Eisenforschung, Düsseldorf
Anwendung der Umwandlungsschaubilder auf Fragen der Werkstoffauswahl beim Schweißen und Flammhärten
1955. 51 Seiten, 25 Abb. DM 13,70

HEFT 206
Dr. phil. habil. Paul Hölemann, Ing. Rolf Hasselmann und Ing. Grete Dix, Forschungsstelle für Acetylen, Dortmund und Düsseldorf
Untersuchungen über die Vorgänge bei der Zersetzung von in Aceton gelöstem Acetylen
1955. 60 Seiten, 7 Abb., 8 Tabellen. DM 15,55

HEFT 274
Prof. Dr.-Ing. habil. Karl Krekeler und Dipl.-Ing. Hans Verhoeven, Aachen
Qualitative Untersuchungen bei Verbindungsschweißungen mittels Lichtbogenschweißautomaten unter Verwendung von Blankdraht und Zugabe von ferromagnetischem Pulver als Umhüllung
1956. 55 Seiten, 40 Abb., 8 Tabellen. DM 15,45

HEFT 275
Prof. Dr.-Ing. habil. Karl Krekeler und
Dipl.-Ing. Hans Verhoeven, Aachen
Qualitative Untersuchungen von Punktschweißverbindungen an Tiefzieh- und Aluminiumblechen, die nach dem Argonarc-Punktschweißverfahren hergestellt werden
1956. 52 Seiten, 45 Abb. DM 14,60

HEFT 305
Prof. Dr.-Ing. habil. Karl Krekeler,
Dr.-Ing. Heinz Peukert, Aachen und
Dipl.-Ing. Werner Schmitz, Siegburg
Heißgas-Schweißung von Hart-Polyvinylchlorid mit Zusatzwerkstoff
1956. 44 Seiten, 27 Abb., 5 Tabellen. DM 12,50

HEFT 328
Dr. phil. Hans Maeder, Duisburg
Schweißen von Temperguß
1957. 79 Seiten, 59 Abb., 42 Tabellen. DM 25,50

HEFT 355
Prof. Dr.-Ing. habil. Karl Krekeler,
Dr.-Ing. Heinz Peukert und
Dipl.-Ing. August Kleine-Albers, Institut für Kunststoffverarbeitung in Industrie und Handwerk an der Rhein.-Westf. Technischen Hochschule Aachen
Untersuchungen auf dem Gebiet der Schweißung von Kunststoffen
Ein Beitrag zur Heißgas-Schweißung von Weich-Polyvinylchlorid mit Zusatzwerkstoff
1957. 31 Seiten, 19 Abb. DM 11,—

HEFT 382
Dr. phil. habil. Paul Hölemann, Ing. Rolf Hasselmann und Ing. Grete Dix, Forschungsstelle für Acetylen Dortmund und Düsseldorf
Die Messung von Flammen und Detonationsgeschwindigkeiten bei der explosiven Zersetzung von Acetylen in Rohren
1957. 26 Seiten, 7 Abb., 4 Tabellen. DM 8,10

HEFT 383
Dr. phil. habil. Paul Hölemann und
Ing. Rolf Hasselmann, Forschungsstelle für Acetylen Dortmund und Düsseldorf
Verlauf von Acetylenexplosionen in Rohren bei Gegenwart von porösen Massen
1957. 55 Seiten, 7 Abb., 15 Tabellen. DM 16,60

HEFT 438
Prof. Dr.-Ing. Helmut Winterhager und
Dr.-Ing. Leo Werner, Aachen
Bestimmung des elektrischen Leitvermögens geschmolzener Fluoride
1957. 39 Seiten, 18 Abb., 10 Tabellen. DM 11,90

HEFT 464
Dr. phil. habil. Paul Hölemann und
Ing. Rolf Hasselmann, Forschungsstelle für Acetylen, Dortmund und Düsseldorf
Die Möglichkeit der Zündung von Acetylen in Rohrleitungen beim Ausblasen mit Stickstoff
1957. 26 Seiten, 6 Abb., 6 Tabellen. DM 9,20

HEFT 526
Dr. phil. habil. Paul Hölemann und
Ing. Rolf Hasselmann, Forschungsstelle für Acetylen, Dortmund und Düsseldorf
Einfluß der Oberflächenbeschaffenheit der Wandung auf den Ablauf von Acetylenexplosionen
1958. 48 Seiten, 8 Abb., 10 Tabellen. DM 14,50

HEFT 531
Prof. Dr.-Ing. habil. Karl Krekeler,
Dipl.-Ing. Hans Verhoeven und
Dipl.-Ing. Horst Ernenputsch, Aachen
Autogenes Entspannen bei niedrigen Temperaturen
1958. 48 Seiten, 17 Abb. DM 14,80

HEFT 532
Prof. Dr.-Ing. habil. Karl Krekeler,
Dipl.-Ing. Hans Verhoeven und
Dipl.-Ing. Wolfgang Krieweth, Aachen
Schutzgasschweißen mit kontinuierlich abschmelzender Elektrode von niedriglegierten Kohlenstoffstählen (Sigma-Schweißen)
1958. 49 Seiten, 30 Abb. DM 16,—

HEFT 569
Dr. phil. habil. Paul Hölemann, Ing. Rolf Hasselmann und Irmgard Strootmann, Dortmund
Acetylenverluste an Naßentwicklern
1958. 26 Seiten, 4 Abb., 9 Tabellen. DM 9,65

HEFT 690
Dr. phil. habil. Paul Hölemann, Ing. Rolf Hasselmann und Irmgard Strootmann, Forschungsstelle für Acetylen, Dortmund
Die Zersetzung von gasförmigem Acetylen und Acetylen-Aceton-Lösungen bei Gegenwart von porösen Materialien
1959. 58 Seiten, 6 Abb., 10 Tabellen. DM 15,20

HEFT 692
Prof. Dr.-Ing. habil. Karl Krekeler und
Dipl.-Ing. Hans Verhoeven, Institut für schweißtechnische Fertigungsverfahren an der Rhein.-Westf. Technischen Hochschule Aachen
Untersuchungen zum Schweißen von Titan
Wolfram-Inert-Schweißen
1959. 51 Seiten, 29 Abb. DM 15,20

HEFT 723
Dr. phil. habil. Paul Hölemann und
Ing. Rolf Hasselmann, Forschungsstelle für Acetylen, Dortmund
Die Abhängigkeit des Volumens gesättigter Acetylen-Aceton-Lösungen von Temperatur und Konzentration
1959. 22 Seiten, 5 Abb., 3 Tabellen. DM 6,90

HEFT 739
Dr. phil. habil. Paul Hölemann und
Ing. Rolf Hasselmann, Forschungsstelle für Acetylen, Dortmund
Die Anreicherung von Phosphor- und Schwefelverunreinigungen in Acetylen-Flaschen
1959. 26 Seiten, 5 Abb., 9 Tabellen. DM 7,90

HEFT 765
*Dr. phil. habil. Paul Hölemann und
Ing. Rolf Hasselmann, Forschungsstelle für Acetylen,
Dortmund*
Die Beeinflussung der Löslichkeit von Acetylen in Aceton durch Phosphorwasserstoff und Divinylsulfid
1959. 20 Seiten, 7 Abb., 3 Tabellen. DM 6,60

HEFT 791
*Dr. phil. habil. Paul Hölemann, Ing. Rolf Hasselmann
und Irmgard Strootmann, Forschungsstelle für Acetylen,
Dortmund*
Über den Mechanismus der Acetylendesorption aus wäßrigen Lösungen
1959. 28 Seiten, 9 Tabellen. DM 8,50

HEFT 792
*Dr. phil. habil. Paul Hölemann, Forschungsstelle für
Acetylens Dortmund*
Bestimmung des Dampfdruckes und der Verdampfungswärme von flüssigem Acetylen
1959. 19 Seiten. DM 6,70

HEFT 883
*Dr. phil. habil. Paul Hölemann, Forschungsstelle für
Acetylen, Dortmund*
Über die Zündung von reinem Acetylen durch Stoßwellen
1960. 37 Seiten, 14 Abb., 11 Tabellen. DM 11,20

HEFT 888
*Dr. phil. habil. Paul Hölemann, Forschungsstelle für
Acetylen, Dortmund*
Über den Kalkstaubgehalt im Acetylen aus Naßentwicklern
1960. 21 Seiten, 5 Abb., 3 Tabellen. DM 7,20

HEFT 984
*Dr. phil. habil. Paul Hölemann und
Ing. Rolf Hasselmann, Forschungsstelle für Acetylen,
Dortmund*
Die Druckabhängigkeit der Zündgrenzen von Acetylen-Sauerstoffgemischen
1961. 17 Seiten, 5 Abb. DM 6,60

HEFT 1045
*Dr. phil. habil. Paul Hölemann, Forschungsstelle für
Acetylen, Dortmund*
Untersuchungen über das System Acetylen-Wasser
1961. 35 Seiten, 5 Abb., 8 Tabellen. DM 12,90

HEFT 1099
*Dr. phil. habil. Paul Hölemann und
Ing. Rolf Hasselmann, Forschungsstelle für Acetylen,
Dortmund*
Über die Reaktion von Acetylen mit den Bestandteilen von Trockenreinigungsmassen
1962. 26 Seiten, 6 Abb., 7 Tabellen. DM 11,80

HEFT 1151
*Dr. phil. habil. Paul Hölemann, Forschungsstelle für
Acetylen, Dortmund*
Über die Umsetzung von Aceton in Diacetonalkohol unter dem Einfluß von Calciumhydroxyd
1963. 23 Seiten, 6 Abb., 4 Tabellen. DM 8,—

HEFT 1152
*Dr. phil. habil. Paul Hölemann und
Ing. Rolf Hasselmann, Forschungsstelle für Acetylen,
Dortmund*
Über den Gehalt an Monovinylacetylen und höheren Polymeren im Acetylen aus Karbid
1963. 22 Seiten, 8 Abb., 6 Tabellen. DM 9,50

HEFT 1310
Dr. phil. habil. Paul Hölemann,
Bestimmung der kritischen Druckgrenze bei der Zündung von reinem Acetylen durch Detonationen in Acetylen-Sauerstoff-Gemischen
*Dr. phil. habil. Paul Hölemann und
Ing. Rolf Hasselmann,*
Über den Verlauf von Acetylen-Explosionen in Gefäßen mit größerem Durchmesser
*Dr. phil. habil. Paul Hölemann und
Ing. Rolf Hasselmann,*
Über die Dichte von flüssigem Acetylen
Forschungsstelle für Acetylen, Dortmund
1964. 61 Seiten, 17 Abb., 6 Tabellen. DM 24,80

HEFT 1573
*Dr. phil. habil. Paul Hölemann, Ing. Rolf Hasselmann
und Ing. Christa Clees, Forschungsstelle für Acetylen,
Dortmund*
Über den Mechanismus der Zersetzung von Acetylen-Acetondampf-Gemischen
Untersuchungen über die Methoden zur Bestimmung der Gasausbeute von Karbid
1966. 41 Seiten, 3 Abb., 9 Tabellen. DM 16,50

HEFT 1584
*Prof. Dr.-Ing. Paul Denzel und Dipl.-Ing. Richard
Laufen, Institut für Elektrische Anlagen und Energiewirtschaft der Rhein.-Westf. Technischen Hochschule
Aachen*
Vermeidung von Spannungsschwankungen durch im Takt arbeitende Schweißmaschinen
1965. 55 Seiten, 25 Abb. DM 34,80

HEFT 1602
*Prof. Dr.-Ing. Alfred H. Henning†, Prof. Dr.-Ing.
habil. Karl Krekeler†, Dr.-Ing. Wolfgang Krieweth und
Dipl.-Ing. Hans Verhoeven, Institut für Schweißtechnische Fertigungsverfahren der Rhein.-Westf. Technische
Hochschule Aachen*
Das elektrische Vertikal-CO_2-Schweißen mit zwangsweiser Schweißnahtbegrenzung
In Vorbereitung

HEFT 1603
*Prof. Dr.-Ing. Alfred H. Henning†, Prof. Dr.-Ing.
habil. Karl Krekeler† und Dipl.-Ing. Hans Verhoeven,
Institut für Schweißtechnische Fertigungsverfahren der
Rhein.-Westf. Technischen Hochschule Aachen*
Widerstandsschweißversuche an kaltverfestigtem Stahl
In Vorbereitung

HEFT 1702
Prof. Dr.-Ing. Alfred H. Henning †, Prof. Dr.-Ing. habil. Karl Krekeler † und Dipl.-Ing. Hans Wilhelm Rottbaus, Institut für Schweißtechnische Fertigungsverfahren der Rhein.-Westf. Technischen Hochschule Aachen
Lichtbogenschweißen mit Wasserdampfschutz

HEFT 1703
Prof. Dr.-Ing. Alfred H. Henning †, Prof. Dr.-Ing. habil. Karl Krekeler † und Dipl.-Ing. Rochus Gronwald, Institut für Schweißtechnische Fertigungsverfahren der Rhein.-Westf. Technischen Hochschule Aachen
Untersuchungen Elektro-Schlacke-Schweißen von Blechen geringer Wanddicke

Verzeichnisse der Forschungsberichte aus folgenden Gebieten können beim Verlag angefordert werden:
Acetylen/Schweißtechnik – Arbeitswissenschaft – Bau/Steine/Erden – Bergbau – Biologie – Chemie – Druck/Farbe/Papier/Photographie – Eisenverarbeitende Industrie – Elektrotechnik/Optik – Energiewirtschaft – Fahrzeugbau/Gasmotoren – Fertigung – Funktechnik/Astronomie – Gaswirtschaft – Holzbearbeitung – Hüttenwesen/Werkstoffkunde – Kunststoffe – Luftfahrt/Flugwissenschaften – Luftreinhaltung – Maschinenbau – Mathematik – Medizin/Pharmakologie – NE-Metalle – Physik – Rationalisierung – Schall/Ultraschall – Schiffahrt – Textilforschung – Turbinen – Verkehr – Wirtschaftswissenschaften.

WESTDEUTSCHER VERLAG · KÖLN UND OPLADEN
567 Opladen/Rhld., Ophovener Straße 1-3

MIX
Papier aus verantwortungsvollen Quellen
Paper from responsible sources
FSC® C105338

If you have any concerns about our products,
you can contact us on
ProductSafety@springernature.com

In case Publisher is established outside the EU,
the EU authorized representative is:
**Springer Nature Customer Service Center GmbH
Europaplatz 3, 69115 Heidelberg, Germany**

Printed by Libri Plureos GmbH
in Hamburg, Germany